許燕斌
手作烘焙

HSU YAN-PIN BAKERY

許燕斌 編著

書泉出版社 印行

美食見證生活品味：努力就有機會

從民國四十三年時我國國民男女平均壽命五十四歲到目前八十一歲，也就是說臺灣以六十年的時間讓國民平均壽命增加三十歲，你一定會按好幾個讚！要解讀這種珍貴的成就不難。當然是綜合各領域進步，改善國民生活水準而來，如以辦外交下述三大要件來看，就可進一步了解：一、國家實力：包括國防、外交、醫療、衛生、經濟、貿易、文化藝術、科技、農工生產、研發、投資、國際參與（交流）及國際貢獻（援助）……，及最重要的國民素質（包括國民教育程度、世界觀、民主素養、理性務實、對公民社會關心及參與……）；二、不能一廂情願（悲情主義無用），實力取向；三、沉得住氣、繼續努力，強化自信心。

臺灣能夠脫離貧窮，從五○年代國民每人每年平均所得一百五十美元到今天的兩萬三千美元，國民購買力平價（PPP GDP）超過四萬八千元，排名全球第十九名（國際貨幣基金組織 2016），溫飽已經不是問題。如果從民國五十二年在嘉義高中就讀時，中午便當裡有顆荷包蛋，會高興一整天；只有初一、十五拜拜時才有食用動物性蛋白質機會，到今天大家都有能力在乎美食、注意營養均衡來看，我們的福報真不淺。

隨著社會發展及教育水準提升，美味可口與食品安全同等重要，加上這幾年來每年都超過一千萬人次出國觀光旅遊參訪，自然地提高國人對餐飲美食的要求，因此國內餐飲業也務實回應消費者期待，透過國內研發、改善以及新創，或是出國到烹飪專業學校進修研習，難怪台灣會被國際社會認定是美食王國，美食可口多樣，連紅色米其林指南也要到台灣來，這是人民生活品質最重要見證，值得珍惜。

在台灣餐飲業重視提升專業水準的同時，我們也看到政府與民間關注食安及重視教育人才培養，所以第三次在法國代表處擔任館長期間（2007-15 年），經常有機會會晤在法國餐飲學校上課的台灣學生，每次交談都令人愉快，因為這些學生克服各種困難，懷著精進廚藝的明確目標，離鄉背井來到花都巴黎或美食大都里昂深造，個個用心努力（包括勤學法語），獲得所有教職員們的高度讚賞，不禁感到與有榮焉，也為台灣提升飲食文化倍覺信心！

人生是選擇，路是人走出來的，努力就有機會。對廚藝有興趣的年輕人而言，出國研習需要諸多投資，當然是一種選擇，成本高學好後，效益應該相對好。所幸目前在國內已有諸多學習機會，無論是大學或高中職，或是職訓中心都有餐飲學門培訓課程。因此教學單位的設備、安排的課程及老師們的專業實力，就是研習廚藝必須考慮的要素。就教師們而言，累積更多經驗，就有更多競爭力，因為學生們都期望追隨身經百賽、得獎多多、認真教學、熱心培養新秀的老師們學習。

　　目前在醒吾科技大學餐旅管理系的副教授兼系主任、教導烘焙實作、西點研發及創意農產品料理的許燕斌主廚，是一位相當傑出的師傅。他今天的成就十分值得大家禮讚與學習。在外交工作上，我們一向告訴年輕同仁「外交無小事」，因為小事沒處理好，就會變成大事，在餐飲美食上也一樣，不得忽略小地方。燕斌兄在金門出生，具有堅忍不拔、不畏困難的特質，是位務實又有想法的人，從國中畢業後，先在麵包店當學徒，用心學習，什麼事都不嫌棄認真做，服完兵役後想到專業學習的重要性，進到開平中學夜間部補校餐飲管理科就讀，白天在力霸飯店西點部工作，他珍惜上課機會，結合學校教學與實務，努力不懈，成為老師肯定「全班最有發展潛力的人」，在開平畢業前就取得丙級、乙級烘焙執照。其後透過學分班取得專科同等學力，即使當到副主廚、主廚也從未停下腳步，每年都出國進修，包括到法國藍帶廚藝學院、雷諾特學院及 PCB 巧克力烘焙學院等校進修。他是一個腦筋靈活的老師，堅持與創新都有，一方面他堅持傳統古法手作烘培，用法國最好的麵粉，也是世界麵包大賽指定 T55 法式麵粉，堅持無人工香料，只用天然酵素低溫發酵（還得蓋上棉被），用老麵醒麵，結合台灣在地食材打造新台灣麵包；當然他也陸續獲得中華美食展最佳創意點心獎（1997 年）、中國上海烹飪美食大賽套餐甜點金牌及巧克力蛋糕裝飾銅牌（2004 年），亞洲廚藝邀請賽團體金牌及個人賽套餐金牌、蛋糕裝飾銅牌（2006 年），其後 2010 年，許燕斌主廚率領年輕廚師團隊 14 位，代表台灣參加「馬來西亞烹飪大觀世界金廚爭霸賽」，在 56 支隊伍角逐下，勇奪「美極霸王獎」、「展示台團體賽金獎」、以及「個人賽點心組金獎」，連奪三項金獎的許燕斌一舉在國際烘焙業闖出名號。爾後他又連得「亞洲三大美食節之國際烹飪藝術大賽」西點組冠軍、及套餐甜點金牌，以及 2013 年馬來西亞國際廚藝邀請賽──蛋糕製作最高榮譽等榮銜。今年九月則率領醒吾科技大學餐旅管理系 17 位師生參與

來自 12 個國家參賽的「2017 韓國 WACS 國際餐飲大賽」，展現實力，他個人再奪天然酵母、糖花餅乾、團隊西點現場等三項金獎；台灣團隊共榮獲 1 面特質金獎、13 面金獎、7 面銀獎、8 面銅獎等共 28 面獎牌，再為台灣爭取到國際榮譽。

燕斌兄成功地走過辛苦日子，不斷得獎不是偶然。他勇於接受各項挑戰，保持高度努力學習、不斷成長之心，透過參加國際大賽的行動實現理想；能夠發揮專業，又以扶輪社服務理念，熱心教導青年學生，培養新秀，成為「有用之士」（to be useful）是一種福報，也是社會向善貢獻者；燕斌兄以自己名字開店，對「自己」負責，本身就是大家期待更好的生活教材，正是我們社會需要的動力與典範！

祝福燕斌兄順心如意，繼續成功，為台灣帶來更多向上力量！

法國大使 呂慶龍

敬撰

2017.10.23 於台北象山

推薦序

認識許主任已近十餘年，當年的他，在劍湖山飯店任職主管，年輕有勁，勇於任事。

延攬他至醒吾科技大學餐旅管理系任教後，他從技術助理教授、副教授一直升至系主任。我看到許主任的堅持與努力。

在學校，許主任從不吝將烘焙專業知識教導給學生及社區民眾，讓更多人學習烘焙的專業及享受烘焙的樂趣。我看到許主任在烘焙教學的付出與執著。

在業界，許主任致力烘焙技術研發，協助烘焙業者開店，並參與各項國際比賽，獲得多項金牌佳績，我看到許主任在烘焙專業上的天賦與成就。

許主任將畢生烘焙功力化為文字，成就《許燕斌手作烘培》一書，我不僅雀躍且感動。相信透過這本書，不僅能認識專業烘焙食材，也能了解烘焙的專業與樂趣，讓讀者進入烘焙的甜蜜世界。

卓文倩

醒吾科技大學餐旅管理系副教授

初見許燕斌教授，是在金山高中餐飲學程的烘焙課上，看他與學生分享甜點麵包製作的過程，細膩而殷切盼望將所學傾囊相授，無私且毫無保留，這樣大度與急切栽培後學的胸襟，令人佩服不已。

欣聞許老師將其所學及創意手作烘焙的蛋糕、點心、麵包食譜公開，讓大眾能自己動手作出美味的烘焙食物，真是雀躍不已呀！

如果你也想做出時尚精巧又富有創意美味、令人食指大動的甜點，或是撲鼻香氣挑動舌尖的蛋糕，亦或是兼具美感與美味，回味無窮的新台灣麵包，我真摯向您推薦「許燕斌手作烘焙」！

賴來展

金山高中校長

烘焙心、手作情

　　滿臉笑意，精神抖擻，總是將「我們堅持做對的事情」掛在嘴邊的烘焙職人—許燕斌，讚！

　　燕斌教授擁有豐富的學經歷，更是享譽國際世界金廚冠軍的得主，屢屢在其專長「西點烘焙製作、宴會點心製作」等競賽項目獲獎，除了是對自己專業廚藝的要求，更是自我挑戰、超越創新的最佳明證！

　　聊起孩子，燕斌教授渾身是勁，想不受他影響都難！從任教國中、高職一路到科大，他的堅持、學習、成長、精進，不論是紮實的學歷、專業的技術，都是孩子們學習的標竿！循循善誘，引導叮嚀，在教育的過程，建立學生正確的價值觀，穩紮穩打的精神，透過他的傳道、受業、解惑，益加透澈。不僅如此，他還帶領子弟兵銜接務實致用，進入職場，將所學在「許燕斌手作烘焙」發揮得淋漓盡致！

　　「許燕斌手作烘焙」的理念，堅持用法國最高頂級克朗斯克麵粉、法國競賽用T55 麵粉及僑泰興麵粉混粉製作，加以台灣小農食材為基底，堅持使用台灣在地農產品，隨季節交替，變換不同產品，以穩定的溫度孕育出風味濃厚的「水果菌種」，經過長時間的細心照顧以掌握氣候與溼度調整熟成的「老麵技術」，利用冷熱交替讓麵粉迅速吸收水分的「燙麵技巧」，採用最天然人體所需要的大豆纖維、燕麥纖維、蘋果纖維等高纖纖維，並運用「低溫發酵」使麵包更為 Q 軟，也使天然的小麥香味自然展現，研發出「新台灣麵包」具健康、美味、營養、安心的優良產品！

　　如今「許燕斌手作烘焙」再創新高，將融合台灣農特產品、在地食材與麵包西點，為台灣甜點文化創造出「新台灣麵包」的特色！而燕斌教授從業界師傅到為人師表，實踐帶領學生開設手作烘焙的心路歷程，更令人津津樂道。在眾所期盼下，今年十月桃園市「許燕斌手作烘焙」第二家分店更將與各位愛好者見面，屆時舊雨新知必再掀起另一波「許燕斌手作烘焙」的熱潮，引頸企盼！

蔡玲玲

政治大學教育博士、滬江高中校長

推薦　序

《許燕斌手作烘焙》一書，是具代表性的烘焙書籍，包含台、日、歐式麵包及蛋糕，接近市場所需，明確掌握了現代消費者喜愛烘焙的特性，並展現出下列特色：

1. 初學者容易上手。
2. 明確掌握基本操作手法及紮實的技巧。
3. 為熟練者添加產品的豐富性及想法。
4. 清楚提供「許燕斌手作烘焙」產品的使用原料。

這二三十年來，烘焙產業蓬勃發展，雖說如此，大家在烘焙的領域中還是會遇到挫折，記得當時許燕斌老師在醒吾科技大學授課時，讓大家了解到，原來學習烘焙也可以如此的輕鬆愉快，現在「許燕斌手作烘焙」的團隊願意無私的奉獻，將好的麵包、好的甜點帶給大家，相信這是許多烘焙人的福氣。相信這本書不僅能引領你進入烘焙的世界，更能為日後打下良好的基礎，在此祝福所有學習閱讀此書的朋友。

從事烘焙行業三十餘年，『許燕斌』是我打從心底佩服的一號人物，不僅在業界創造出許多奇蹟，更在學界教導許多莘莘學子。因緣際會下在醒吾科技大學認識了『他』，現在更是我的好兄弟、好麻吉。『他』的為人熱情，烘焙經驗豐富，常常與好友們交流，故深受學、業界老師、師傅們推崇及尊敬。『他』的視野宏觀，不斷的推陳出新。如今『他』又出了一本讓人驚豔的書籍，烘焙產業有『他』帶領著，真的是非常的幸運。

隨著『他』的經歷及經驗與日俱增，多年前雖然退下了職場，轉而執起教鞭授徒，但抱持教學相長，烘焙廚藝不但沒有退化，反而更進步、更了解市場。

『他』是我們心中偉大的烘焙職人、尊敬的教授，『他』的著作一定是相當精彩的，值得我們收藏。

郭明輝　烘焙創意達人

何國熙　魔法烘焙達人

聯合推薦

推薦序

　　燕斌老師是我們台北大世紀扶輪社一位優秀和才華洋溢的社員先進,做人處事平易近人,懂得付出與關心社會,幫助弱勢團體,惠譽國際的世界金廚冠軍,並多次帶領學員出國比賽為國爭光!做出美味又健康的烘焙麵包食品,好口碑國內外皆知,也受邀獲聘各所學校擔任教授及啟明學校老師,教導特殊學生,發揮愛心無私培育下一代!他的愛心付出和回饋社會服務精神相當值得大家敬佩和學習。

李文森

扶輪社 2019-2020 年度地區總監

　　頃接許老師大作《許燕斌手作烘培》一書即將出版的訊息,個人滿滿地感謝與期待!

　　許老師可說是橫跨產經學的達人,實務經驗豐富,專注糕點麵包產品的研發,從食材的產地到產品的創新與銷售,親力親為,更難能可貴的熱心從事烘培專業教育工作,多年來帶領年輕同學參與國內外之烘培競賽,成果顯赫。

　　我們樂見《許燕斌手作烘培》一書透過獨家烘培食譜搭配本地食材,呈現時尚及創新糕點的探索園地。

台北喜來登大飯店西點坊行政主廚

南僑化工首席烘培顧問

實踐大學兼任技職　副教授

推薦 序

　　他跨越產、官、學，創意時尚精巧的甜點，美味與美感兼具，玩出不一樣的新台灣麵包。

　　我們熱情推薦「許燕斌」

　　　　　　　　景文科技大學觀光餐旅學院 胡宜蓁院長 胡宜蓁

　　　　　　　　高雄餐旅大學 烘焙管理系 廖漢雄系主任 廖漢雄

　　　　　　　　松山工農 楊益強校長 楊益強

　　　　　　　　大世紀扶輪社創社 陳麗華社長 陳麗華

　　享受製作美味，感受不同的甜點與麵包的幸福滋味、他是「許燕斌」

　　實用又創意的好書分享給我的好友們

　　他獨樹一格的做法，用心烘焙出新台灣麵包的特色

　　銷魂的甜點、幸福的麵包

　　真情推薦「許燕斌手作烘焙」

　　　　　　　　臺安醫院 周輝政策略長 周輝政

　　　　　　　　臺安醫院 劉怡里營養師 劉怡里

　　　　　　　　臺安醫院公共事務室 謝彩玉（小朱姊）主任

　　　　　　　　謝彩玉 小朱姊

作者 序

感謝「許燕斌手作烘焙」團隊的協助：麵包主廚林鼎翔，西點主廚賴韋志、麥澤彰、蔡佳妤、賀姿瑄、呂棟彬、陳聖鈞、陳昱伸、楊詠勝、陳金委、范文彬、吳俊德、游以菱、簡品君、林忠毅、陳泓廷等協助製作。本書收錄製作 30 道麵包、15 道點心，每樣都來自我們團隊的心血結晶，每道食譜都是麵包店裡的精選產品，完全將產品忠實的呈現。

感謝所有推薦的好友們！
這次推薦序的名人：
法國大使 呂慶龍
醒吾科技大學餐旅管理系 卓文倩副教授
景文科技大學觀光餐旅學院 胡宜蓁院長
高雄餐旅大學烘焙管理系 廖漢雄主任
松山工農 楊益強校長
滬江高中 蔡玲玲校長
金山高中 賴來展校長
台北喜來登飯店西點坊行政主廚 黃福壽師傅
烘焙創意達人 郭明輝師傅
魔法烘焙達人 何國熙師傅
扶輪社 2019-2020 年度地區 李文森總監
台安醫院 周輝政策略長
台安醫院 劉怡里營養師
台安醫院公共事務室 謝彩玉（小朱姊）主任
大世紀扶輪社創社 陳麗華社長

一路走來有你們的支持，我們用心、你們放心

「幸福的麵包」、「銷魂的甜點」

我是「許燕斌」
「許燕斌手作烘焙」烘焙職人

目　錄

content

Part ③ 蛋糕點心製作

Part 1

材料及工具介紹

工具介紹

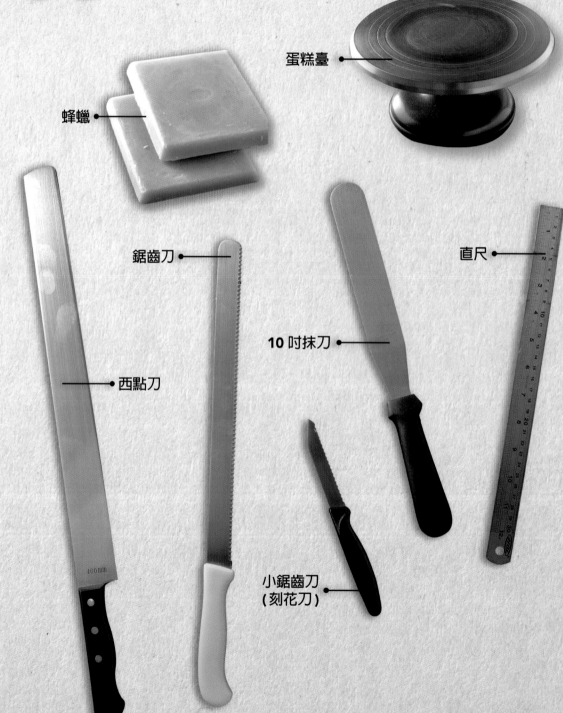

蛋糕臺

蜂蠟

鋸齒刀

10 吋抹刀

直尺

西點刀

小鋸齒刀
(刻花刀)

材料介紹

蘭姆酒

香橙酒

蜜柑汁

檸檬

植物性鮮奶油

動物性鮮奶油

植物性鮮奶油

奶水

自製天然酵母葡萄菌種（七天完成）

無油葡萄乾　　80g
細砂糖　　　　48g
(36℃) 溫開水　320g

作法

使用所有容器煮沸殺菌（玻璃罐、濾網、攪拌棒、溫度計等等）。溫開水降溫至 34-36 度。加入細砂糖攪拌均勻後再降溫至 30 度。加入無油葡萄乾搖混合即可，每天搖混合一次至二次即可。

| 葡萄乾浸泡中 | 慢慢吸水搖混一至二次 | 開始有小氣泡浮出 | 小氣泡浮出有果香味 | 果香味變香濃有一點酒精味 | 酒精味重有果實香味重 | 發酵完成冷藏保存約一個月 |
| 第一天 | 第二天 | 第三天 | 第四天 | 第五天 | 第六天 | 第七天 |

燙麵

T55 麵粉　　　　500g
克朗思克麵粉　　500g
熱開水　　　　　900g
細砂糖　　　　　100g
鹽　　　　　　　10g
燕麥纖維　　　　3g

作法

用葉形攪拌器將麵粉（T55 ＋克朗思克）、細砂糖、鹽、燕麥纖維放入攪拌器中，熱水沸騰後加入攪拌均勻，即可備用。

諾曼地菌種

克朗思克麵粉　700g
T55 麵粉　　　300g
葡糖菌種水　　1000g

作法

第一次麵粉過篩後用球型打蛋器加入葡萄菌種水打均勻，靜置低溫發酵 12-16 小時後，即可作老麵菌種，完全使用葡萄菌及法國麵粉的香味來鎖住水分，之後可以當成母種備用。

白胡椒粉 •————

可可粉 •————

黑胡椒粉 •————

義大利香料 •————

咖啡粉 •————

紅椒粉 •————

奶粉 •————

紅麴 •————

鹽

酵母

黑碳粉

細砂糖

雜糧粉

糖粉

伯爵粉

抹茶粉

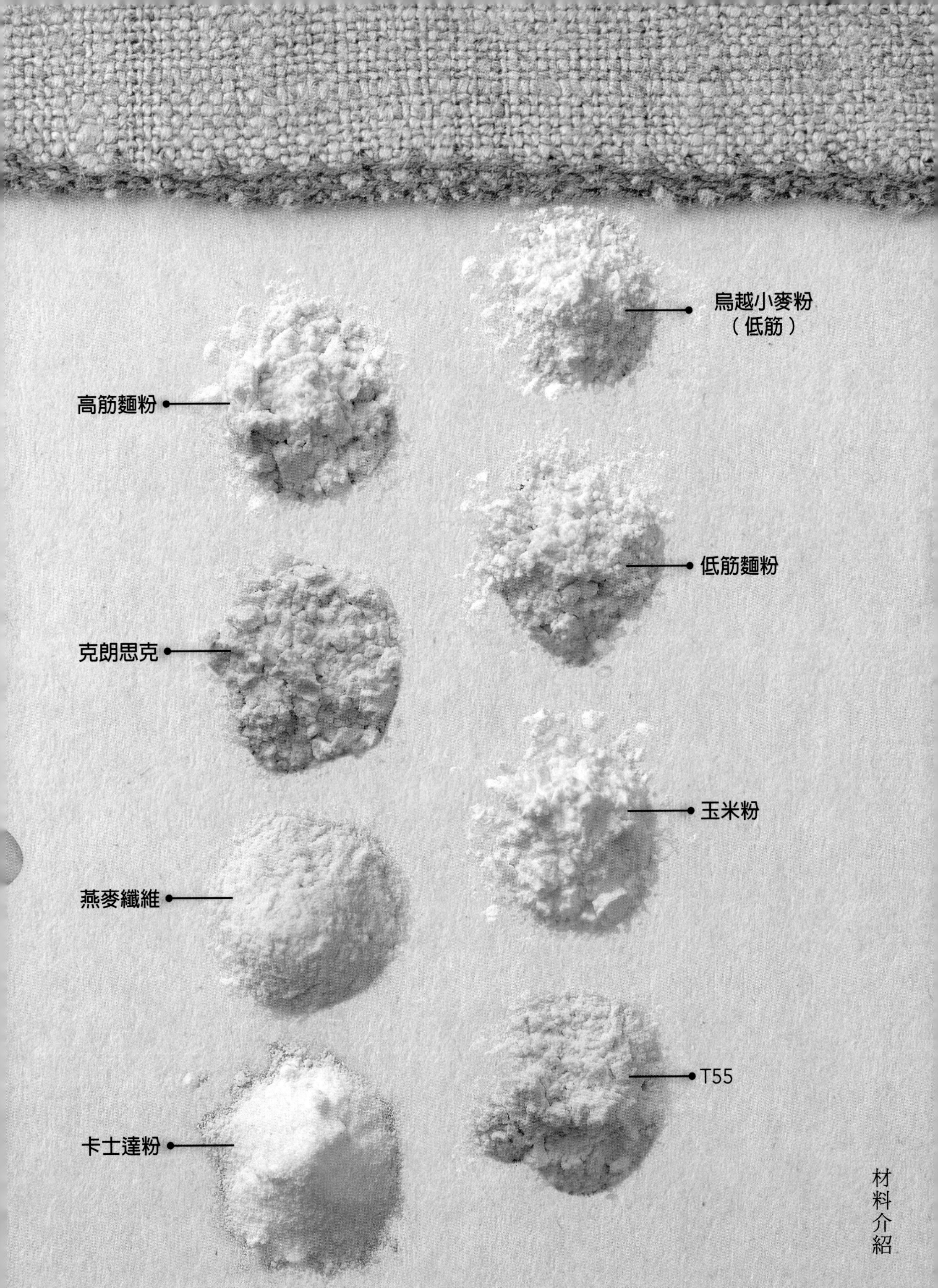

高筋麵粉 ●———

烏越小麥粉
（低筋）
●———

低筋麵粉
●———

克朗思克 ●———

玉米粉
●———

燕麥纖維 ●———

T55
●———

卡士達粉 ●————

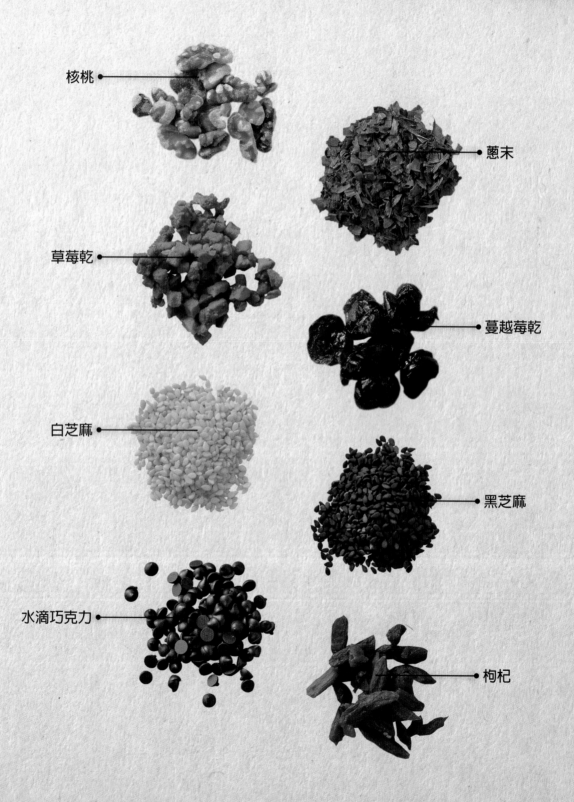

核桃

蔥末

草莓乾

蔓越莓乾

白芝麻

黑芝麻

水滴巧克力

枸杞

芒果乾

雙色乳酪絲

乳酪丁

紅豆粒

香草莢

吉利丁片

紅豆餡

材料介紹

魚子醬

又稱「魚籽醬」，只有鱘魚卵才可稱為魚子醬。其中以產於接壤伊朗和俄羅斯的裏海的魚子醬質量最佳。

- 含有大量的蛋白質，對女性來說，適當的吃魚子醬能補充蛋白質還能預防肥胖。
- 含有大量的維生素和蛋白質，具有抗氧化作用，能抑制皮膚衰老、防止色素沉澱，使皮膚細緻光滑。
- 含有核黃素，能幫助產後憂鬱症的女性放鬆心情，舒緩症狀。
- 含有豐富維生素 A 能增強眼睛的視力。

伯爵粉

伯爵茶是一種混有從佛手柑和其他桔類水果表皮萃取出的油脂香味的茶，是以中國茶為基茶而製成。

伯爵茶的主要成分有：紅茶、佛手柑油、金盞花。

- 伯爵茶：所具有的消炎殺菌、生津清熱、解毒等功效也毫不遜色。
- 佛手柑油：精選優質佛手柑油燻製，佛手柑作為芳香精油現已被廣泛應用，其舒肝理氣及舒緩胃痛的功效當然也被我們所認知。

咖啡粉

產季：10 月份開始採收，採收期約 2-3 個月。

咖啡豆含植物抗氧化劑。

- 有助於提升身體機能的新陳代謝率。
- 加速肌膚新陳代謝，具有抗氧化作用，讓肌膚細胞保持充沛活力、防止細胞氧化，進而對抗衰老。
- 建議肝炎患者每天喝點咖啡，對肝細胞的修復有好處。

桂圓

產季：8-9 月。

含有大量有益人體健康的微量元素。

- 桂圓能補腦汁，有振奮精神的作用，富含多種維生素，是真正的綠色食品。
- 含有豐富葡萄糖、蔗糖、蛋白質，可用於治療貧血、病後體弱、婦女產後調養。
- 對全身有補益作用之外，對腦細胞特別有益，能增強記憶，消除疲勞。

蔓越莓乾

產季：9-11 月。

富含植化素（花青素、兒茶素等）及多種維生素、礦物質。

- 以能預防泌尿道感染著名。
- 還能預防心血管疾病。
- 有益男性攝護腺及泌尿道。
- 有助於改善口腔健康。

材料介紹

花生

產季：5-7 月、10-12 月。

含有大量的蛋白質和脂肪，特別是不飽和脂肪酸的含量很
高，適合製作各種營養食品。

- 含有維生素 E 和一定量的鋅，能增強記憶，抗老化，延
  緩腦功能衰退。

- 不飽和脂肪酸有降低膽固醇的作用，用於防治動脈硬
  化、高血壓和冠心病。

毛豆

產季：2-4、9-11 月。

含有豐富的植物蛋白、多種有益的礦物質、維生素及膳食
纖維。

- 卵磷脂是大腦發育不可或缺的營養之一，可以改善大腦
  的記憶力和智力水平。

- 豐富的食物纖維，可以改善便秘，降低血壓和膽固醇。

- 具養顏潤膚、有效改善食欲不振與精神倦怠的功效。

- 含有微量功能性成分黃酮類化合物，具有雌激素作用，
  可以改善婦女更年期的不適，防止骨質疏鬆。

洋蔥

產季：1-4 月。

又稱球蔥、圓蔥、玉蔥、蔥頭、荷蘭蔥等。

- 富含硒元素和槲皮素，具有防癌的功效。

- 含有攝護腺素 A，維護心血管健康。

- 含有植物殺菌素和大蒜素等，強大的殺菌能力，能有效
  抵禦流感病毒、預防感冒。

- 含有三種抗發炎的天然化學物質，可以治療哮喘。

芋頭地瓜

產季：全年。

品種：紫皮紫肉（中南部）、白皮紫肉（東部）。

- 有防止視力退化的功效，使眼睛周圍的細小血管也變得強健，血液循環變好。
- 含有豐富的花色玳，對血管的健康很有幫助，同時對負責淨化血液的肝臟也很有益處。
- 紫色番薯（芋仔番薯）與紫玉地瓜是一種有顏色的番薯，它也是番薯的一種，味道跟一般的番薯並沒有兩樣。番薯的紫色很濃，表示它含有很豐富的花色玳，其成分最為安定。

香蕉

產季：一年四季皆有。

屬於高熱量水果，含有大量醣類物質。

- 含有豐富的鉀離子，每日吃 3-5 根香蕉，對高血壓及心腦血管疾病的患者有益。
- 可潤腸通便，減少痔瘡出血。

草莓

產季：12-3 月（盛產期）。

又稱紅莓、洋莓、地莓等，有 2000 多個品種，果實鮮紅美豔，有「水果皇后」之稱。

- 人體必需的纖維素、鐵、維生素 C 和黃酮類等成分的重要來源。
- 鉀含量很高，有降低血壓的作用。
- 含有花青素、天竺葵色素等黃酮類化合物，具有抗氧化、延緩衰老的功效。

材料介紹

火龍果

產季：5-10 月。

又稱紅龍果、龍珠果。

- 火龍果富含一般蔬果中較少有的植物性蛋白。

- 含有豐富的維生素 C，有很好的美白皮膚的效果。

- 果肉中黑色子粒含有各種酶和不飽和脂肪酸及抗氧化物質，有助腸胃蠕動。

榴槤

產季：3-7 月（泰國）。

榴槤被稱作「熱帶水果之王」，具有豐富的蛋白質和脂類，對機體有很好的補養作用。

- 含糖分非常高，澱粉、糖粉和蛋白質的比例分別為 11%、13%、3%，身體虛弱者可食用榴槤補充身體需要的能量和營養，達到強身健體的功效。

- 含有非常豐富的膳食纖維，可以促進腸胃蠕動，預防便秘。

- 含有人體必需的礦質元素，鉀和鈣的含量特別高。

Part 2

麺包製作

紅寶石

材料

A	T55 麵粉	200g		**B**	水	640g
	高粉	800g		**C**	奶油	80g
	糖	80g		**D**	蔓越莓	200g
	鹽	18g			核桃	100g
	燕麥纖維	10g		**E**	奶油乳酪	20g
	紅麴粉	16g			核桃	5g
	燙麵	150g			蔓越莓乾	5g
	諾曼地種	300g				
	乾酵母	10g				

 表面裝飾

灑粉

 製成

基本發酵	40 分鐘翻 20 分鐘	整形	圓形包皮
中間發酵	20 分鐘	烤溫	200/175℃
最後發酵	50 分鐘	烤焙時間	11 分鐘
麵糰分割	120g/40g		

 作法

準備材料

1 材料 A、B 倒入鋼盆裡,打至成糰出筋。

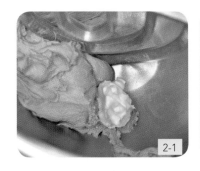

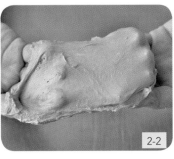

包皮系列 紅寶石

2 加入材料 C 打至拉出薄膜，放置
室溫發酵 1 個小時。

3 分割滾圓鬆弛 30 分鐘，麵糰擀至長條形。

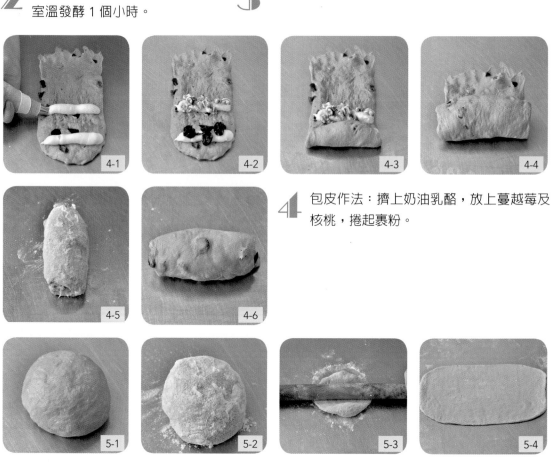

4 包皮作法：擠上奶油乳酪，放上蔓越莓及
核桃，捲起裹粉。

5 麵糰沾粉擀薄呈橢圓。

6 放上沾粉的麵糰，左右各切五刀，交叉綁。

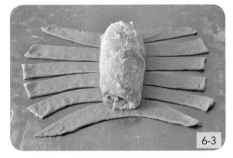

7 發酵 40 分鐘，撒粉烤焙即可完成，出爐。

包皮系列　紅寶石

完整操作影片

伯爵美人

材料

A	克朗思克麵粉	100g	
	高粉	800g	
	低粉	100g	
	糖	160g	
	鹽	12g	
	乾酵母	10g	
	伯爵粉	15g	
	燙麵	150g	
	諾曼地種	300g	

B	水	620g
C	奶油	80g
D	奶酥餡	35g
	巧克力豆	5g
	麵包吐司丁	3g

表面裝飾

灑粉

製成

基本發酵	40 分鐘翻 20 分鐘		整形	圓形包皮
中間發酵	20 分鐘		烤溫	200/170℃
最後發酵	50 分鐘		烤焙時間	10 分鐘
麵糰分割	120g/40g			

作法

準備材料

1 材料 A、B 倒入鋼盆裡，打至成糰出筋。

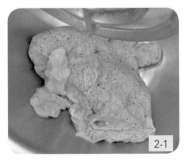

2 再加入材料 C 打至拉出薄膜。

3 放置室溫發酵 1 個小時，分割滾圓鬆弛 30 分鐘。

包皮系列　伯爵美人

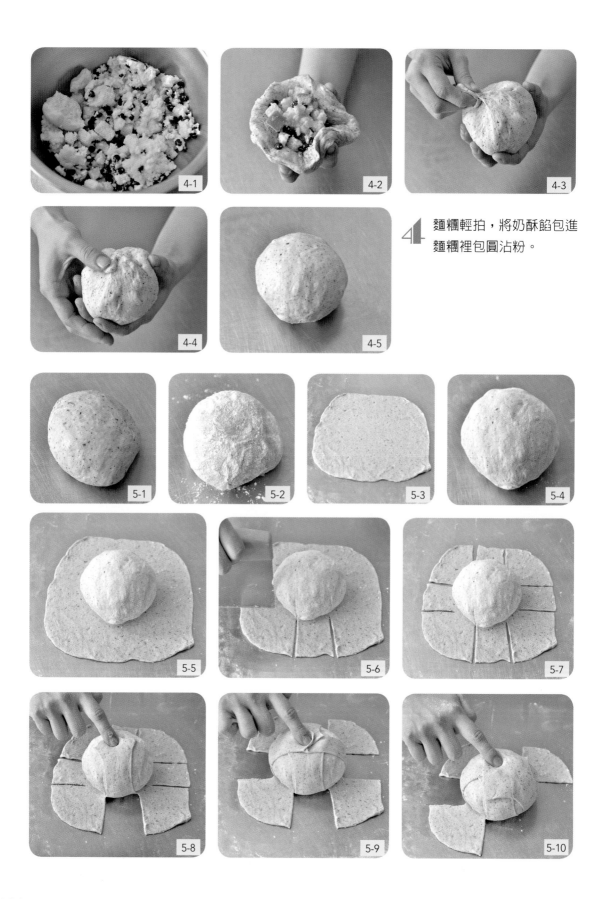

4 麵糰輕拍，將奶酥餡包進麵糰裡包圓沾粉。

5 包皮作法：麵糰沾粉擀薄圓，放上沾粉的麵糰，切井字刀，依順序將麵糰往中間壓。

6 發酵 40 分鐘，撒粉烤焙即可完成。

包皮系列　伯爵美人

麵包籃子

材料

	A				B		
	T55 麵粉	200g			水	620g	
	高粉	800g			C		
	糖	120g			奶油	80g	
	鹽	12g			D		
	乾酵母	10g			葡萄乾	100g	
	咖啡粉	25g			核桃	100g	
	燙麵	150g			E		
	諾曼地種	300g			奶酥餡	25g	
					巧克力豆	15g	

表面裝飾

灑粉

製成

基本發酵	40 分鐘翻 20 分鐘	整形	圓形包皮
中間發酵	20 分鐘	烤溫	200/170℃
最後發酵	50 分鐘	烤焙時間	10 分鐘
麵糰分割	120g/40g		

作法

準備材料

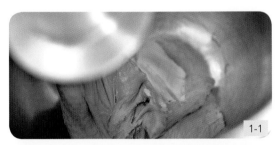

1-1

1-2

1-3

1-4

1 材料 A、B 倒入鋼盆裡,打至成糰出筋,加入材料 C 打至拉出薄膜。

2-1

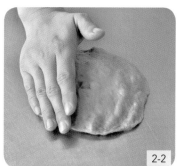

2-2

2 放置室溫發酵 1 個小時，
分割滾圓鬆弛 30 分鐘。

3-1

3-2

3-3

3 將餡料包進麵糰裡包圓，麵糰沾粉切對半。

4-1

4-2

4-3

4-4

026

4 對半的麵糰上下各切一刀不要斷，交叉放在麵糰上，黏上四個角，轉兩圈再將另外四個角黏在麵糰下。

5 發酵 40 分鐘，撒粉烤焙即可完成。

包皮系列　麵包籃子

芭娜娜

材料

A	T55 麵粉	200g		B	動物性鮮奶油	100g
	高粉	800g			蛋	100g
	糖	180g			水	500g
	鹽	12g		C	奶油	80g
	乾酵母	10g		D	巧克力豆	200g
	可可粉	25g		E	奶油乳酪	20g
	黑碳粉	25g		香蕉餡	香蕉	20g
	燙麵	150g			橙酒	1g
	諾曼地種	300g				

 表面裝飾

灑粉 　　　　　　　　　　　　割刀

 製成

基本發酵	40 分鐘翻 20 分鐘		整形	圓形包皮
中間發酵	20 分鐘		烤溫	200/170℃
最後發酵	50 分鐘		烤焙時間	10 分鐘
麵糰分割	120g/40g			

作法

準備材料

1 材料 A、B 倒入鋼盆裡，打至成糰出筋。

2 加入材料 C 打至拉出薄膜，放置室溫發酵 1 個小時。

包皮系列　芭娜娜

3-1

3-2

3-3

3 將香蕉切丁加入香橙酒與乳酪拌勻。

4-1

4-2

4-3

4-4

4-5

4-6

4-7

4 分割滾圓鬆弛 30 分鐘，麵糰包香蕉餡包圓。

5-1

5-2

5-3

5-4

5-5

5-6

擦上沙拉油。

5 麵糰沾粉擀薄圓中心點塗油。

6　放上塗油的麵糰，上下左右麵糰往中心點按壓，再放進撒好粉的圓藤模具裡。

7　發酵 40 分鐘，倒扣烤焙紙，撒粉割線烤焙即可完成。

完整操作影片

包皮系列　芭娜娜

地瓜芋頭
菠蘿

材料

Ⓐ	糖	200g	Ⓔ	酵母	26g
Ⓑ	鹽	30g	Ⓕ	高粉	1000g
Ⓒ	牛奶	600g		T55 麵粉	500g
Ⓓ	水	600g		克朗思克麵粉	500g
			Ⓖ	奶油	1000g

菠蘿皮	無鹽奶油	250g	蛋黃	200g
	無水奶油	250g	高粉	1000g
	細砂糖	450g		

表面裝飾

蛋黃液   杏仁片

製成

1. 直接入水冷鬆弛 3 小時，不可發酵。
2. 中間延壓一次，鬆弛 30 分鐘再延壓，要三折三次。

最後發酵	50 分鐘	烤溫	170℃
麵糰分割	80g	烤焙時間	14 分鐘
整形	圓形	（旋風爐烤箱）	

作法

1 菠蘿皮作法　1-1　無鹽奶油、無水奶油、細砂糖一起打發。

1-2　蛋黃分二至三次加入打發後，加入高筋麵粉手攪均勻即可。

2 材料 A、B、C、D 攪拌至融合一起，加入材料 E、F、G 拌至成糰。

3 一糰 1800g，延壓至烤盤的一半大小冰硬，麵糰壓長，包奶油。

丹麥系列　地瓜芋頭菠蘿

攪拌麵糰可參考 P41 紅豆丹麥 1-1~2-4。

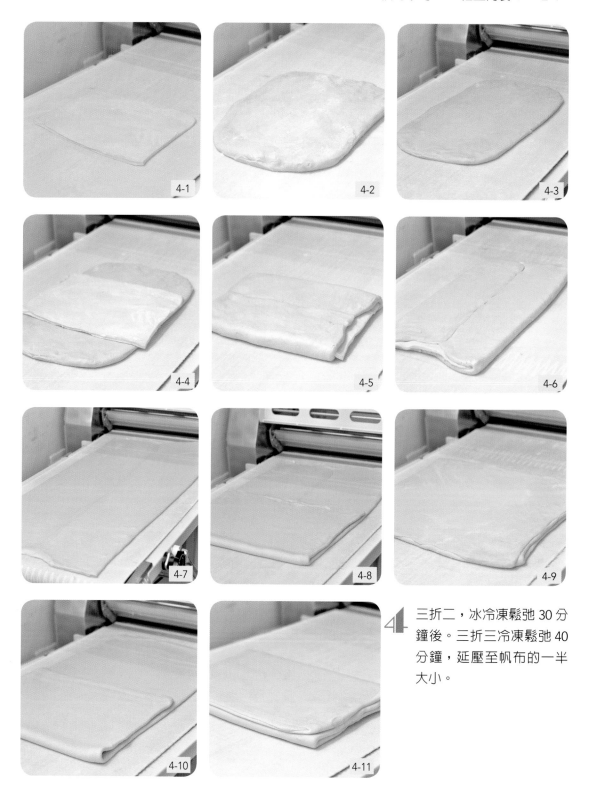

4-1

4-2

4-3

4-4

4-5

4-6

4-7

4-8

4-9

4-10

4-11

4 三折二，冰冷凍鬆弛 30 分鐘後。三折三冷凍鬆弛 40 分鐘，延壓至帆布的一半大小。

5-1

5-2

⑤ 切 11x11 公分,四個角往中心點按壓,冷藏鬆弛。

6-1

6-2

6-3

⑥ 菠蘿皮加高粉拌至不黏手,丹麥壓菠蘿皮,包地瓜芋頭包圓。

7-1

7-2

7-3

7-4

⑦ 發酵 40 分鐘擦蛋黃烤焙即可完成。

可頌

材料

A	T55 麵粉	500g		**D**	牛奶	600g
	克朗思克麵粉	500g		**E**	水	600g
	高粉	1000g		**F**	酵母	26g
B	糖	200g		**G**	奶油	1000g
C	鹽	30g				

 表面裝飾

內餡 黑糖麻糬一條

 製成

蛋黃液   楓糖醬

1. 直接入冷凍鬆弛不可發酵。
2. 中間延壓一次，鬆弛 30 分鐘再延壓，要三折三次。

最後發酵	50 分鐘	烤溫	170℃
麵糰分割	80 分鐘	烤焙時間	14 分鐘
整形	羊角形	（旋風爐烤箱）	

作法

  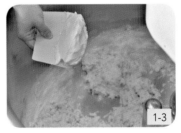

1-1 / 1-2 / 1-3

1 材料 A、B、C、D 攪拌至融合一起，加入材料 E、F、G 拌至成糰。

  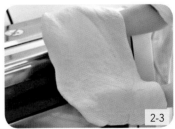

2-1 / 2-2 / 2-3

2-4

2 一糰 1800g 延壓至烤盤的一半大小，冰硬，麵糰壓長，包奶油，三折二冰，冷凍鬆弛 30 分鐘後。

丹麥系列 可頌

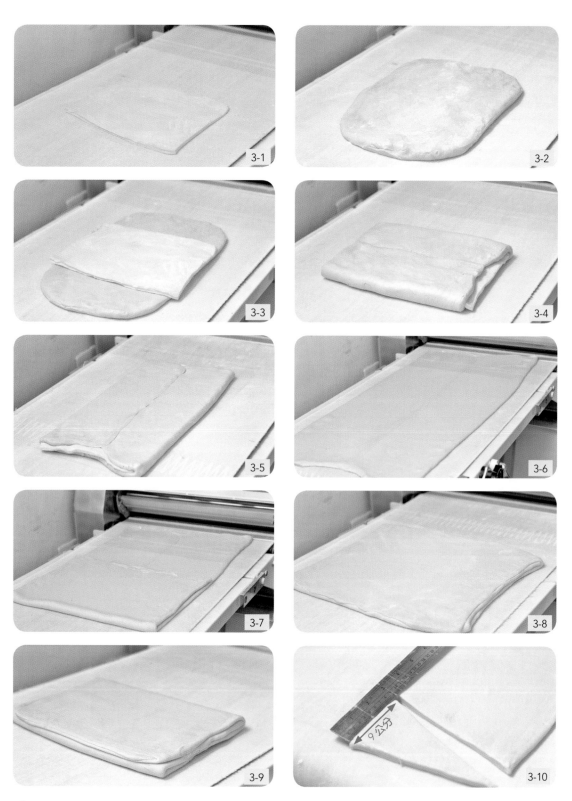

3 三折三冷凍鬆弛 40 分鐘，延壓至一半的帆布大小，剖半，量 9 公分切三角。

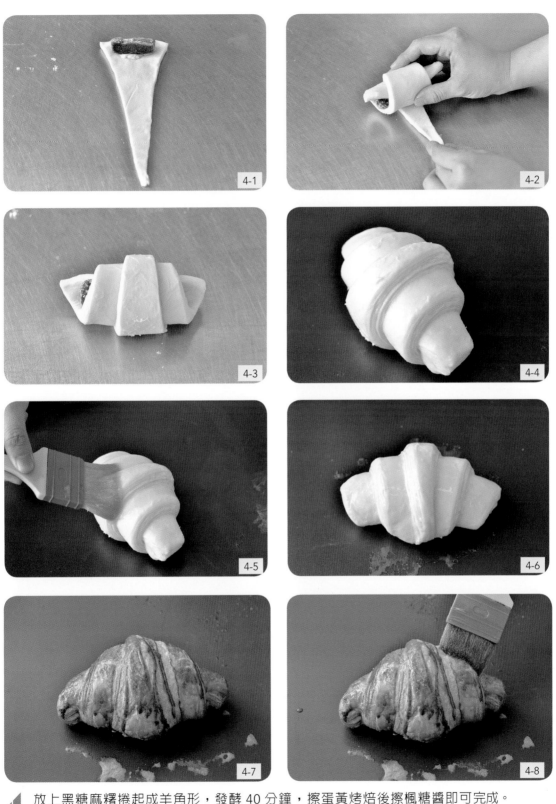

4　放上黑糖麻糬捲起成羊角形，發酵 40 分鐘，擦蛋黃烤焙後擦楓糖醬即可完成。

紅豆丹麥

材料

圈				
Ⓐ	T55 麵粉	500g	Ⓔ 水	600g
	克朗思克麵粉	500g	Ⓕ 酵母	26g
	高粉	1000g	Ⓖ 奶油	100g
Ⓑ	糖	200g	Ⓗ 萬丹紅豆	400g
Ⓒ	鹽	30g	內餡	
Ⓓ	牛奶	600g		

 表面裝飾

蛋黃液　　　　　　　　　　楓糖醬

 製成

1. 直接入冷凍鬆弛 3 小時,不可發酵。
2. 中間延壓一次,鬆弛 30 分鐘再延壓,要三折三次。

最後發酵	50 分鐘	烤溫	170℃
麵糰分割	80g	烤焙時間	16 分鐘
整形	長棍形	(旋風爐烤箱)	

作法

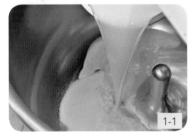

1 材料 B、C、D、E 攪拌至融合一起,加入材料 A、F、G 拌至成糰。

丹麥系列　紅豆丹麥

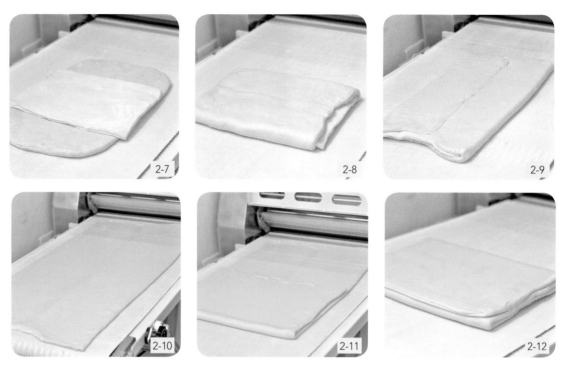

2 　一糰 1800g，延壓至一半的烤盤大小，冰硬，麵糰壓長，包奶油，三折二，冰冷凍鬆弛 30
　　分鐘。

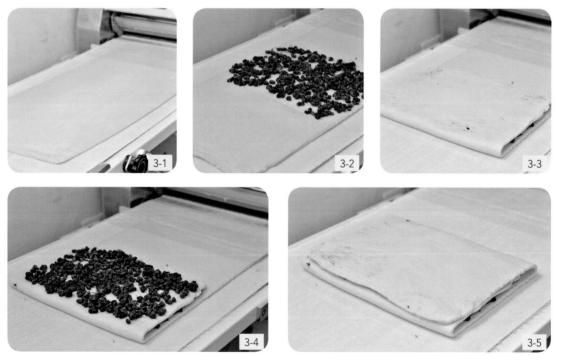

3 　開長分三等份中間放上紅豆粒，左邊丹麥覆蓋上再放上紅豆粒，右邊丹麥再覆蓋上，稍微
　　延壓，固定紅豆粒，冷凍鬆弛 30 分鐘。

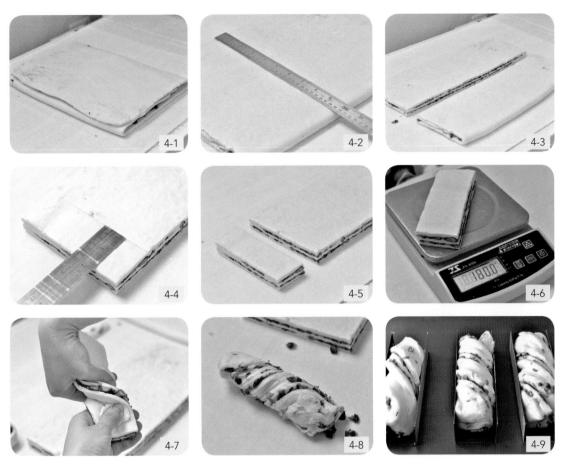

4　延壓至長 41 寬 30 剖半，切寬度 5 公分後，麵糰扭轉三圈，放置已噴油的模具中。

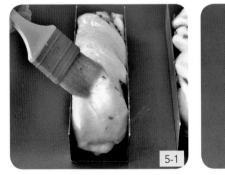

5　發酵 50 分鐘，擦蛋黃烤焙後擦楓糖醬即可完成。

草莓

材料名稱

Ⓐ	T55 麵粉	200g	**Ⓓ** 歐克皮	中粉	500g
	高粉	800g		白油	250g
	糖	80g		水	230g
	鹽	18g		泡打粉	2g
	酵母	10g		鹽	20g
	燕麥纖維	10g		抹茶粉	20g
	紅麴粉	16g			
	燙麵	150g	**Ⓔ**	草莓果醬	15g
	諾曼地種	300g		紅人乳酪	20g
Ⓑ	水	640g		蔓越莓	5g
Ⓒ	奶油	80g			

表面裝飾

灑粉

製成

基本發酵	50 分鐘翻 30 分鐘		整形	水滴
中間發酵	20 分鐘		烤溫	200/175℃
最後發酵	50 分鐘		烤焙時間	12 分鐘
麵糰分割	120g/5g (歐克皮)			

作法

準備材料

1-1

1-2

1-3

1 材料 A、B 倒至攪拌缸裡,打至成糰出筋,加入材料 C 打至拉至薄膜,放室溫發酵 1 個小時,分割滾圓鬆弛 30 分鐘。

季節水果系列　草莓

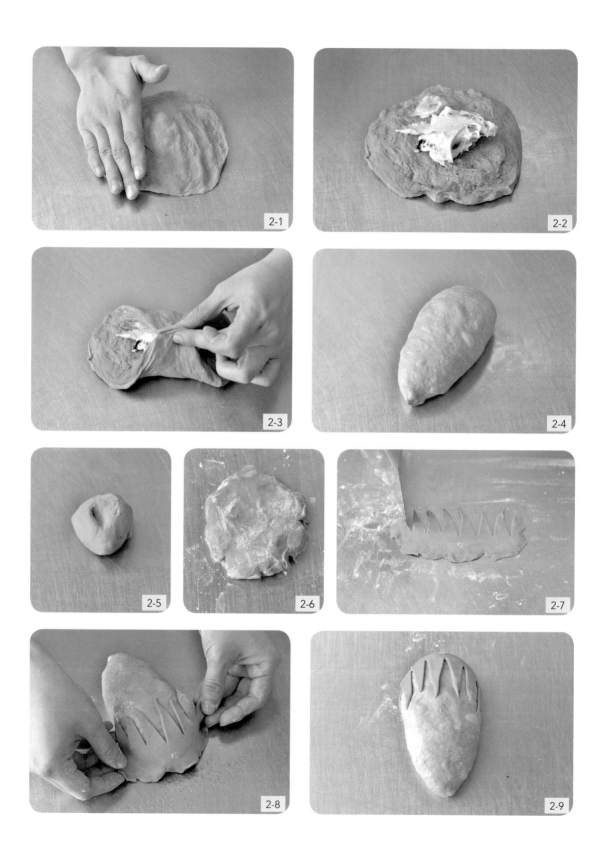

2 麵糰輕拍包餡捏成水滴狀，歐克皮沾粉擀長，切六至七個三角後，貼上已噴水的麵糰上。

3 發至 30 分鐘後，將鬆弛過的草莓頭貼上烤焙即可完成。

西瓜

材料

火龍果

Ⓐ 克朗思克麵粉 100g
　　高粉　　　　800g
　　低粉　　　　100g
　　糖　　　　　20g
　　鹽　　　　　12g
　　乾酵母　　　12g
　　燙麵　　　　100g
　　諾曼地種　　100g

Ⓑ 火龍果　　　400g
　　動物性鮮奶油 100g
　　水　　　　　250g

Ⓒ 奶油　　　　40g

Ⓓ 洛神花果醬　10g
　　西瓜片　　　10g
　　紅人乳酪　　10g

甜麵

Ⓐ 克朗思克麵粉 100g
　　高粉　　　　800g
　　低粉　　　　100g
　　糖　　　　　200g
　　鹽　　　　　12g
　　乾酵母　　　11g
　　燕麥纖維　　10g
　　奶粉　　　　30g
　　燙麵　　　　100g
　　諾曼地種　　100g

Ⓑ 牛奶　　　　200g
　　蛋　　　　　100g
　　水　　　　　400g

Ⓒ 奶油　　　　100g

抹茶

Ⓐ T55 麵粉　　200g
　　高粉　　　　800g
　　糖　　　　　80g
　　鹽　　　　　12g
　　乾酵母　　　10g
　　燕麥纖維　　10g
　　燙麵　　　　150g
　　諾曼地種　　300g

Ⓑ 水　　　　　660g

Ⓒ 奶油　　　　80g

巧克力

Ⓐ T55 麵粉　　200g
　　高粉　　　　800g
　　糖　　　　　180g
　　鹽　　　　　12g
　　乾酵母　　　10g
　　燕麥纖維　　10g
　　可可粉　　　25g
　　黑碳粉　　　25g
　　燙麵　　　　150g
　　諾曼地種　　300g

Ⓑ 動物性鮮奶油 100g
　　蛋　　　　　100g
　　水　　　　　500g

Ⓒ 奶油　　　　80g

季節水果系列　西瓜

 製成

基本發酵	40 分鐘翻 20 分鐘	整形	橢圓
中間發酵	20 分鐘	烤溫	200/175℃
最後發酵	50 分鐘	烤焙時間	9 分鐘
麵糰分割	火龍果 30g		
	甜吐 40g		
	抹茶 50g		
	巧克力 12g		

 作法

1-1

1-2

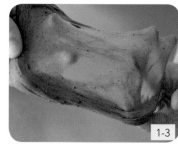
1-3

1-4

1-5

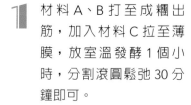

1 材料 A、B 打至成糰出筋，加入材料 C 拉至薄膜，放室溫發酵 1 個小時，分割滾圓鬆弛 30 分鐘即可。

2-1

2-2

2-3

2-4

2-5

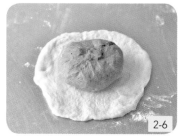
2-6

2 火龍果麵糰包餡成圓，甜麵擀薄圓包入火龍果，抹茶擀成薄圓包入甜麵糰。

3 巧克力搓長一開六，搓長，貼上已噴水的麵糰上，發酵 40 分鐘烤焙即可完成。

流星菠蘿

材料

	A			B	
	克朗思克麵粉	100g		鮮奶	280g
	高粉	800g		蛋黃	100g
	低粉	100g		全蛋	200g
	糖	160g		水	150g
	鹽	10g	C	奶油	100g
	乾酵母	12g			
	燕麥纖維	10g			

內餡					
	奶油乳酪	各 350g		細砂糖	110g
	鮮奶	200g		玉米粉	10g
	動物性鮮奶油	100g		奶油	20g
	煉奶	20g		全蛋	2 個
	檸檬汁	20g			

表面裝飾

菠蘿皮	20g

製成

基本發酵	50 分鐘	整形	圓形
中間發酵	15 分鐘	烤溫	190/70℃
最後發酵	50 分鐘	烤焙時間	6-7 分鐘
麵糰分割	50g		

作法

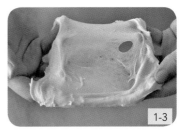

1 將材料 A、B 加入攪拌缸內打至出筋成糰,加入材料 C 拉至薄膜,室外發酵一個小時,分割滾圓,鬆弛 30 分鐘。

2 拌菠蘿皮加高粉至不黏手的狀態。

3 分割，菠蘿皮與麵糰結合後，壓造型，發酵 40 分鐘烤焙即可。

4 內餡作法

4-1 奶油乳酪、鮮奶、動物性鮮奶油加熱煮沸。

4-2 細砂糖、玉米粉、煉奶、全蛋、檸檬汁攪拌均勻。

4-3 作法 1 煮沸後加入作法 2 麵糊持續加熱，攪拌均勻煮沸後加入奶油，離鍋冷卻備用，使用前再攪拌均勻灌入麵包中即可。

5 完成，可以填入乳酪餡。

完整操作影片

台式麵包系列 流星菠蘿

白醬德式
起司

材料

A 中種	**a**	T55 麵粉	100g
		高粉	400g
	b	乾酵母	3g
	c	紅蘿蔔汁	330g
		紅蘿蔔渣	75g

B 本種	克朗思克麵粉	100g
	高粉	400g
	鹽	18g
	乾酵母	7g
	燕麥纖維	10g
	細砂糖	12g
	燙麵	150g
	諾曼地種	300g

C	動物性鮮奶油	100g
	全蛋	150g
	蜂蜜	100g
D	奶油	100g
E	奶油乳酪	20g

 表面裝飾

白醬	10g		披薩絲	15g
乳酪丁	10g		蛋醬	適量
德式香腸	10g			

 製成

基本發酵	40 分鐘翻 20 分鐘		整形	馬蹄
中間發酵	20 分鐘		烤溫	200/180℃
最後發酵	50 分鐘		烤焙時間	8 分鐘
麵糰分割	80g			

 作法

材料ＡＢＣ

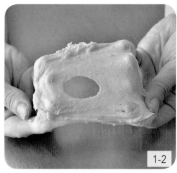

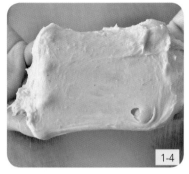

1 將材料 A、B 加入攪拌缸內，打至成糰出筋，加入材料 C 拉至薄膜，室外發酵一個小時，分割滾圓，鬆弛 30 分鐘。

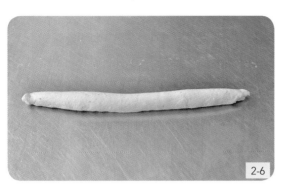

2 擀成長條形，擠上奶油乳酪，捲起成馬蹄形，發酵 40 分鐘烤焙。

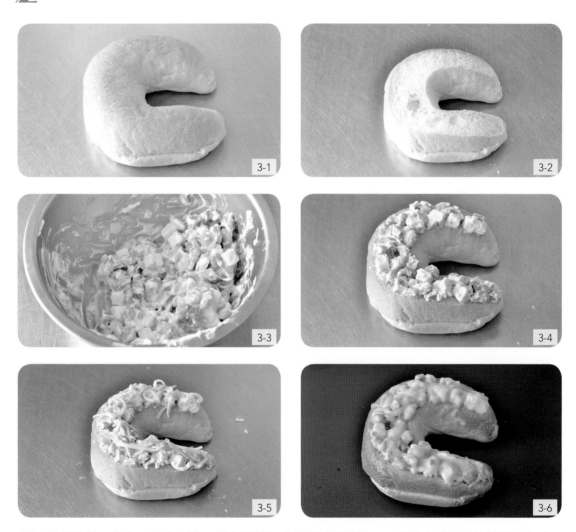

3 冷卻後將三分之一的皮切除，鋪上已拌好的香腸毛豆乳酪丁，再撒上披薩絲烤焙即可完成。

欧式洋蔥
鮪魚

060

材料

A	T55 麵粉	200g		**B**	牛奶	340g
	高粉	800g			水	340g
	糖	180g		**C**	奶油	80g
	鹽	12g		**D**	鮪魚	175g
	乾酵母	10g			pizza	62g
	燕麥纖維	10g			洋蔥丁	90g
	燙麵	150g			黑胡椒	5g
	諾曼地種	300g			沙拉	90g

 表面裝飾

灑粉		鮪魚餡	60g
		奶油乳酪	20g

 製成

基本發酵	40 分鐘翻 20 分鐘	整形	馬蹄
中間發酵	20 分鐘	烤溫	190/170℃
最後發酵	50 分鐘	烤焙時間	14 分鐘
麵糰分割	120g		

作法

準備材料

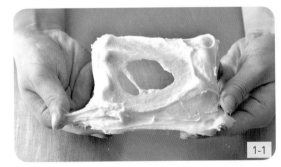

1-1

1-2

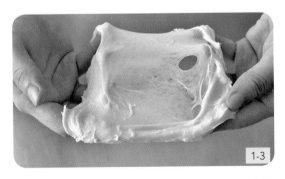

1-3

1 將材料 A、B 加入攪拌缸內打至成糰出筋,加入 C 拉至薄膜,室外發酵一個小時。再分割滾圓,鬆弛 30 分鐘。

鮪魚餡作法

攪拌均勻即可。

（**PS.** 不要用鮪魚罐頭因為有油，包麵包前，再加入沙拉油攪拌均勻，放隔天會容易出水，就不好吃）

3-9

3-10

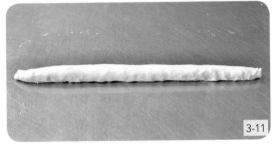

3-11

3-12

3 擀成長條形，擠上鮪魚餡，捲起馬蹄形，發酵 40 分鐘。

4-1

4-2

4-3

4-4

4 擠上裝飾奶油乳酪灑粉烤焙即可完成。

完整操作影片

台式麵包系列　歐式洋蔥鮪魚

063

俄羅斯
魚子麵包

材料

A			B		
	克朗思克麵粉	700g		水	650g
	低粉	300g	C	魚子醬	50g
	糖	20g	內餡	山葵醬	100g
	鹽	20g		無鹽奶油	400g
	乾酵母	10g		沙拉醬	400g
	麥芽精	5g			

 表面裝飾

紅椒粉	300g	魚卵	1200g

 製成

基本發酵	60 分鐘	整形	棍子
中間發酵	20 分鐘	烤溫	200/220℃
最後發酵	60 分鐘	烤焙時間	11 分鐘
麵糰分割	120g		

 作法

準備材料

1 材料 A、B 加入攪拌缸內打至薄膜，室外發酵一個小時。

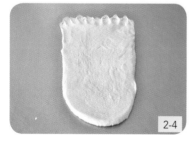

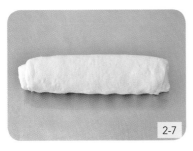  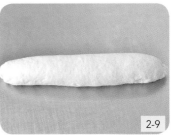

2　分割滾圓，鬆弛 30 分鐘後，整形長棍形，發酵 50 分鐘割線烤焙。

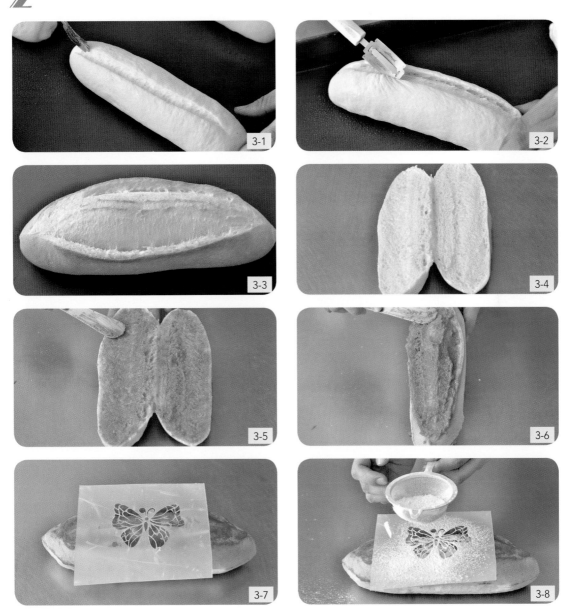

3　冷卻剖半兩面塗餡，烤三分後合起表面塗抹再烤三分，冷卻後灑上蝴蝶圖案即可完成。

法蘭克福
香腸

材料

A 克朗思克麵粉 700g
低粉　　　　300g
糖　　　　　20g
鹽　　　　　20g
乾酵母　　　10g
麥芽精　　　5g

B 水　　　　　650g

C 德式香腸
青醬

表面裝飾

灑粉　　　　　　　　　　　割刀

製成

基本發酵	60 分鐘	整形	棍子
中間發酵	20 分鐘	烤溫	200/220℃
最後發酵	60 分鐘	烤焙時間	12 分鐘
麵糰分割	60g		

作法

準備材料

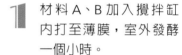

1 材料 A、B 加入攪拌缸內打至薄膜，室外發酵一個小時。

2-1

2-2

2-3

2 分割滾圓，鬆弛 30 分鐘後，整形長棍形，發酵 50 分鐘割線烤焙。

3-1

3-2

3-3

3-4

3-5

3 擠上一條青醬放上德式香腸，將兩邊麵
糰捏緊貼緊麵糰後。

4-1

4-2

4-3

4-4

4 發酵 10 分鐘灑粉割線烤焙即可完成。

桂圓核桃

材料

A	克朗思克麵粉	700g	**B**	水	650g
	低粉	300g	**C**	桂圓丁	200g
	糖	20g		核桃 1/8	100g
	鹽	20g	**D** 內餡	桂圓丁	20g
	乾酵母	10g		蘭姆酒	20g
	麥芽精	5g		核桃 1/8	20g

 表面裝飾

灑粉　　　　　　　　　　割刀

 製成

基本發酵	60 分鐘	整形	圓形包皮
中間發酵	20 分鐘	烤溫	200/220℃
最後發酵	60 分鐘	烤焙時間	14 分鐘
麵糰分割	160g/40g		

 作法

準備材料

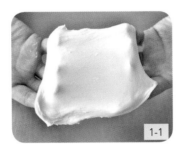

1-1
1-2

1-3

1 將材料 A、B 加入攪拌缸內打至薄膜，加入材料 C 拌均，室外發酵一個小時。

2-1

2-2

2 分割滾圓，鬆弛 30 分鐘後，拍成長條形。

法國麵包系列　桂圓核桃

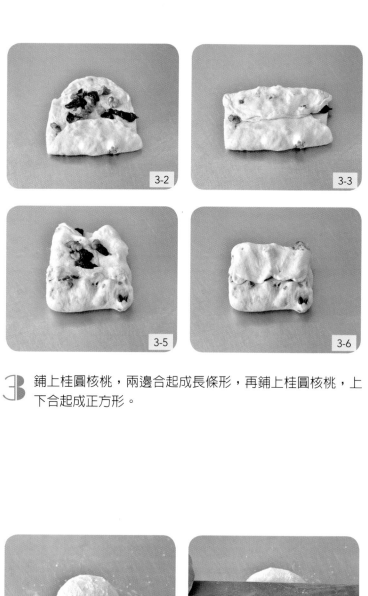

3-1 3-2 3-3
3-4 3-5 3-6

3-7

3 鋪上桂圓核桃，兩邊合起成長條形，再鋪上桂圓核桃，上下合起成正方形。

4-1 4-2 4-3

4-4 4-5 4-6

4　表面塗油備用，皮的部分
　沾粉，擀薄圓，中心塗油
　放上桂圓麵糰，上下左右
　的麵糰貼上捏緊。

5　發酵 40 分鐘灑粉割線烤焙即可完成。

韓式泡菜

 材料

A 克朗思克麵粉　700g
　　低粉　　　　　300g
　　糖　　　　　　20g
　　鹽　　　　　　20g
　　乾酵母　　　　10g
　　麥芽精　　　　5g

B 水　　　　　　　650g

C 泡菜　　　　　　40g
　　乳酪丁　　　　10g

 表面裝飾

撒紅椒粉

 **製成**

基本發酵	60 分鐘	整形	圓形
中間發酵	20 分鐘	烤溫	200/220°C
最後發酵	60 分鐘	烤焙時間	12 分鐘
麵糰分割	100g/30g		

 作法

準備材料

1

1 材料 A、B 加入攪拌缸內打至薄膜，室外發酵一個小時。

2-1

2-2

2-3

2 分割滾圓，鬆弛 30 分鐘後，將空氣拍出來。

3-1

3-2

3-3

3-4

3 泡菜乳酪丁包入麵糰包圓發酵 50 分鐘，皮麵糰擀成薄圓冰冷藏 30 分鐘。

4-1

4-2

4-3

4-4

4-5

4-6

4 壓花形，貼上麵糰撒紅椒粉烤焙即可完成。

法國麵包系列　韓式泡菜

犇

材料

A	克朗思克麵粉	700g	**B**	水	650g
	低粉	300g	**C**	牛肉	100g
	糖	20g		披薩絲	30g
	鹽	20g		乳酪丁	30g
	乾酵母	10g			
	麥芽精	5g			

 表面裝飾 ―――――――――――――――――――――――――――

灑粉

 製成 ―――――――――――――――――――――――――――

基本發酵	60 分鐘	整形	圓形
中間發酵	20 分鐘	烤溫	200/220°C
最後發酵	60 分鐘	烤焙時間	20 分鐘
麵糰分割	380g/100g		

 作法 ―――――――――――――――――――――――――――

準備材料

1 材料 A、B 加入攪拌缸內打至薄膜，室外發酵一個小時。

2 分割滾圓，鬆弛 30 分鐘後，拍成長條形。

法國麵包系列　犇

3 鋪上牛肉乳酪丁披薩絲，兩邊合起成長條形，再鋪上牛肉乳酪丁披薩絲，上下合起成圓形。

4 表面塗油備用，皮的部分沾粉，擀薄圓；中心塗油放上牛肉麵糰，上下左右的麵糰貼上捏緊。

⑤ 發酵 40 分鐘灑粉割線烤焙即可完成。

材料

白吐司麵糰
中種 T55	600g
高粉	600g
乾酵母	17g
冰水	700g

本種
克朗思克麵粉	500g
細砂糖	150g
鹽	34g
奶粉	34g
煉奶	150g
冰塊	140g
奶油	169g

Ⓐ	老白吐司麵糰	1000g
	糖	350g
	鹽	25g
Ⓑ	鮮奶油	500g
	無水奶油	187g
Ⓒ	蛋白	13g
	鮮奶	200g
Ⓓ	乾酵母	25g
	T55 麵粉	2100g
Ⓔ	豬肉餡	20g
	蔥花	10g

烤饅頭

表面裝飾　製成

白芝麻	2g
全蛋液	

基本發酵	-
中間發酵	15 分鐘
最後發酵	60 分鐘
麵糰分割	70g

整形	長條狀
烤溫	170/190℃
烤焙時間	18 分鐘

 作法

1 白吐司麵糰作法：將材料攪拌均勻後，基本發酵 2 小時加入本種。

2 本種作法：材料直接攪拌均勻，中間發酵 40 分鐘，可以使用成為老吐司麵糰。

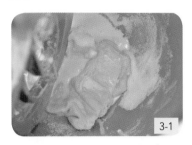
3-1

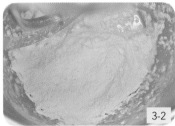
3-2

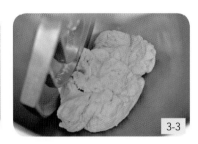
3-3

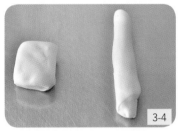
3-4

3-5

3 材料 A、B 打散，加入材料 C、D 拌勻打至光滑，使用壓麵機將麵糰壓至光滑即可分割。

4-1

4-2

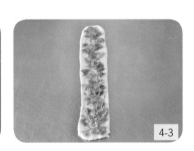
4-3

4-4

4-5

4 麵糰延壓至烤盤寬度，鋪上豬肉餡撒上蔥花捲起，放入已噴油的模具中。

5

5 發酵 40 分鐘，擦全蛋液撒上白芝麻烤焙出爐擦上奶油即可完成。

超綿土司

材料

隔夜種

A	T55 麵粉	720g		**B**	全蛋	80g
	低粉	80			毛豆漿	480g
	糖	144g		**C**	奶油	80g
	鹽	10g				
	酵母	9g				
	燕麥纖維	8g				
	奶粉	24				
	燙麵	80g				
	諾曼地種	80g				

本種

A	毛豆糰	620g		**D**	乾酵母	9g
	糖	260g			高粉	1554g
	鹽	19g		**E**	毛豆漿	518g
B	無水奶油	139g				
C	蛋白	185g				

毛豆	15g	

製成

基本發酵	-		整形	長棍形
中間發酵	15 分鐘		烤溫	150/180℃
最後發酵	60 分鐘		烤焙時間	25 分鐘
麵糰分割	120g/30g			

作法

隔夜種 AB

本種 ABCDE

 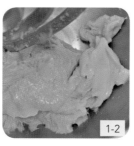  

1　隔夜種：材料 A、B 打製成糰出筋後，加入材料 C 打至薄膜，室溫發酵 30 分鐘，冰入冷藏。

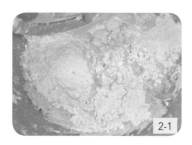 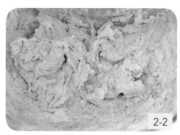 

2　本種：材料 A、B 打散加入材料 C 拌勻，加入材料 D、E 打製光滑，再用壓麵機將麵糰壓至光滑即可分割。

 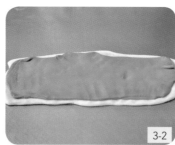 

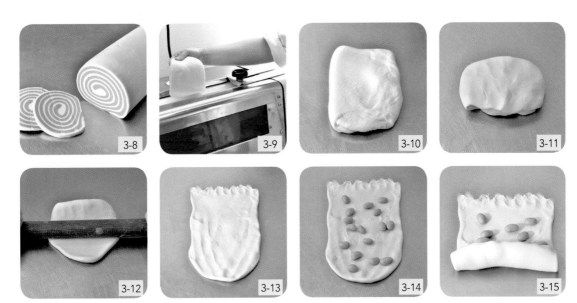

3　麵糰擀長包入毛豆 15g，另外取 150g 麵糰加 10g 抹茶粉延壓，再
與 200g 麵糰相疊後延壓捲起。

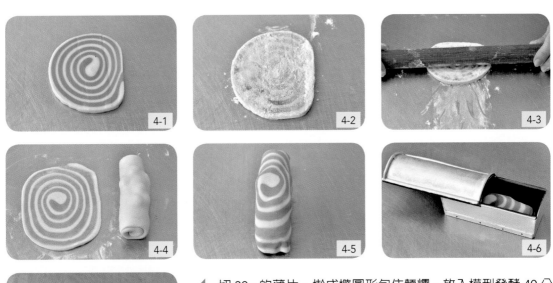

4　切 30g 的薄片，擀成橢圓形包住麵糰，放入模型發酵 40 分
鐘烤焙即可完成。

金牛角

材料

中種

A T55 麵粉　　630g
　　烏越小麥粉　600g
　　糖　　　　　210g
　　酵母　　　　21g

B 水　　　　　480g
　　鮮奶　　　　150g

本種

A T55 麵粉　　1100g
　　烏越小麥粉　1000g
　　奶粉　　　　422g

B 糖　　　　　315g
　　鹽　　　　　32g

C 奶油　　　　600g
　　牛奶膏　　　90g

D 水　　　　　663g

 表面裝飾

蛋黃	4g	黑芝蔴	1g
無水奶油	10g		

 製成

基本發酵	40 分鐘	整形	牛角
中間發酵	-	烤溫	190/160℃
最後發酵	60 分鐘	烤焙時間	15 分鐘
麵糰分割	70g		

 作法

準備材料

1 中種：材料 A、B 打製成糰、光滑，室溫發酵 40 分鐘。

2 本種：中種加入材料 B、C 拌勻，加入材料 A、D 打製光滑，使用壓麵機將麵糰壓至光滑分割。

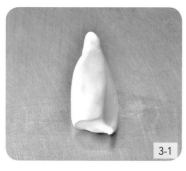

3-7

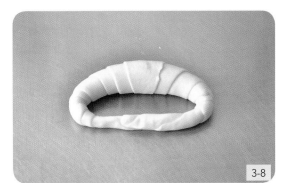

3-8

3-9

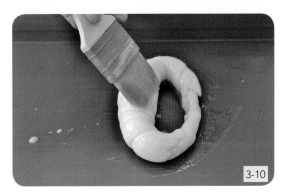

3-10

3 麵糰搓水滴狀，擀長捲起，兩角捏緊，塗上蛋黃。

4-1

4-2

4 點上黑芝麻放上無水奶油烤焙即可完成。

4-3

巧事花生

材料

A	T55 麵粉	200g		B	動物性鮮奶油	100g
	高粉	800g			蛋	100g
	糖	180g			水	500g
	鹽	12g		C	奶油	80g
	乾酵母	10g		D	巧克力豆	200g
	燕麥纖維	10g		E	軟質巧克力	20g
	可可粉	25g			花生醬	15g
	黑碳粉	25g			花生角	5g
	燙麵	150g				
	諾曼地種	300g				

 表面裝飾

灑粉

 製成

基本發酵	40 分鐘翻 20 分鐘	整形	馬蹄形
中間發酵	15 分鐘	烤溫	200/170℃
最後發酵	50 分鐘	烤焙時間	11 分鐘
麵糰分割	120g		

 作法

準備材料

1 材料 A、B 一起加入攪拌機攪拌至出筋。

2 麵糰出筋狀態加入材料 C 慢速打讓奶油吃均勻。

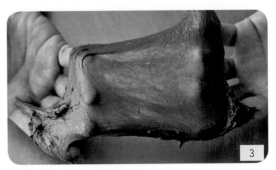

3 快速打至擴展階段。

軟歐包系列　巧事花生

093

4 基本發酵 1 小時後分割麵糰滾圓，再鬆弛 15 分鐘。

5 使用桿麵棍擀一根桿麵棍長度。

6 翻面後底部拉薄膜。

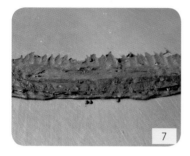

7 抹上巧克力 20g。

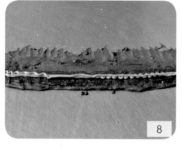

8 擠上花生醬 15g。

9 撒上 5g 花生角。

10 用手捲緊第一圈後輕輕往下捲。

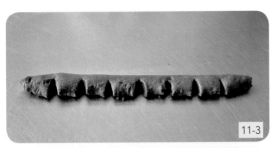

11-3

11 總共剪八刀不剪斷。

12-1

12-2

12 整形成馬蹄形作最後發酵 50 分鐘。

12-3

13-1

13-2

13 裝飾擠上花生醬及少許花生角。
200/170℃ 進爐先烤 6 分鐘後，關掉
爐火 4-5 分鐘，底部及表面上色即可
出爐。

13-3

軟歐包系列　巧事花生

095

大甲芋頭
起司

材料

A	T55 麵粉	200g		B	動物性鮮奶油	100g
	高粉	800g			全蛋	200g
	糖	100g			水	350g
	鹽	18g		C	奶油	110g
	乾酵母	10g				
	燕麥纖維	10g		D	大甲芋頭餡	40g
	奶粉	20g			乳酪丁	15g
	燙麵	150g				
	諾曼地種	300g				

 表面裝飾

灑粉

 製成

基本發酵	60 分鐘		整形	麻花
中間發酵	15 分鐘		烤溫	200/170℃
最後發酵	50 分鐘		烤焙時間	14 分鐘
麵糰分割	120g			

 作法

AB 材料

1-1

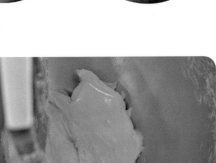

1-2

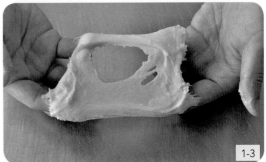

1-3

1　材料 A、B 倒入攪拌缸裡，打至成糰出筋，加入材料 C 打至拉出薄膜，放置室溫發酵 1 個小時。

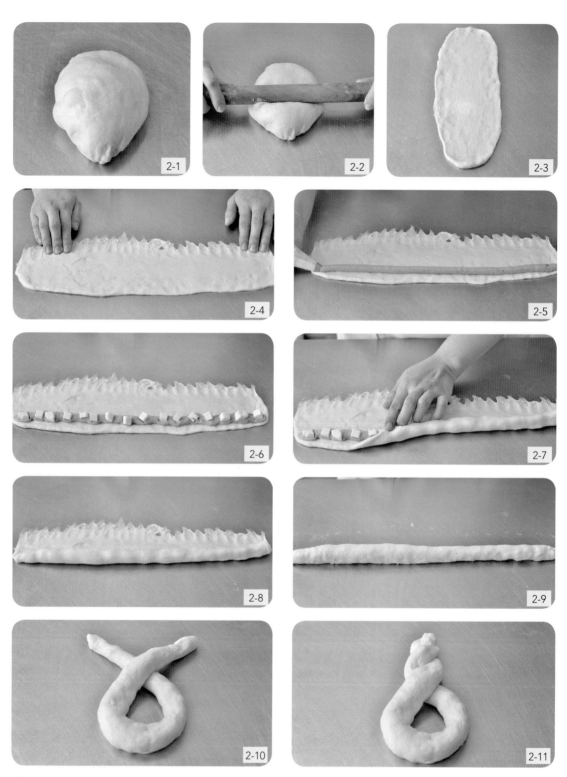

2-1

2-2

2-3

2-4

2-5

2-6

2-7

2-8

2-9

2-10

2-11

2 分割滾圓鬆弛 30 分鐘，擀長條形，擠上大甲芋頭餡再放上乳酪丁，捲起後，麻花造型。

3-1

3-2

3-3

3-4

3 發酵 40 分鐘後灑粉烤焙即可完成。

霸王榴槤

材料

	A			B		
	T55 麵粉	200g		牛奶	340g	
	高粉	800g		水	340g	
	糖	120g		C	奶油	100g
	鹽	12g		D	榴槤餡	90g
	乾酵母	10g				
	燕麥纖維	10g				
	燙麵	150g				
	諾曼地種	300g				

表面裝飾

灑粉

製成

基本發酵	60 分鐘	整形	S 形
中間發酵	15 分鐘	烤溫	185/170℃
最後發酵	50 分鐘	烤焙時間	20 分鐘
麵糰分割	250g/100g		

作法

AB 材料

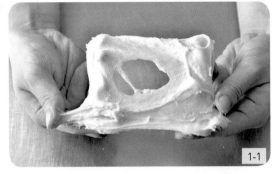

1-1

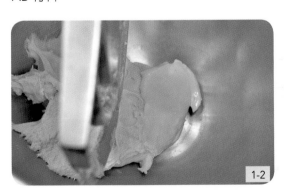

1-2

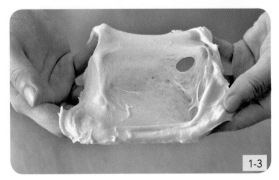

1-3

1 將材料 A、B 加入攪拌缸內打至成糰出筋，加入 C 拉至薄膜。

2 放置室溫發酵 1 個小時，分割滾圓鬆弛 30 分鐘。

3-1

3-2

3-3

3-4

3-5

3-6

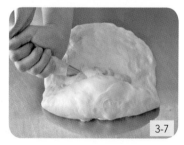

3-7

3-8

3-9

3-10

3 麵糰包榴槤披薩絲乳酪丁包成圓，100g 麵糰沾粉擀薄圓割
網線。

4-1

4-2

4-3

4-4

 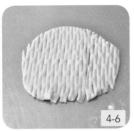  

4-5　4-6　4-7　4-8

4-9　4-10

4 放上麵糰，上下左右麵糰往底部收壓。

5-1　5-2

5-3　5-4

5-5

5 發酵 40 分鐘後，40g 麵糰沾粉擀薄圓壓圓
放置網上撒粉烤焙即可完成。

軟歐包系列　霸王榴槤

冠軍水果

材料

A	T55 麵粉	200g
	高粉	800g
	糖	120g
	鹽	12g
	乾酵母	10g
	燕麥纖維	10g
	燙麵	150g
	諾曼地種	300g
B	牛奶	340g
	水	340g
C	奶油	100g
D	泡酒芒果	20g
	泡酒蔓越莓	20g

表面裝飾

灑粉

製成

基本發酵	60 分鐘		整形	圓形
中間發酵	15 分鐘		烤溫	185/170℃
最後發酵	50 分鐘		烤焙時間	20 分鐘
麵糰分割	150g			

作法

準備材料

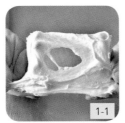 1-1
 1-2
 1-3

1 將材料 A、B 加入攪拌缸打至薄膜,加入材料 C 拌均,室外發酵一個小時。

 2-1
 2-2
 2-3

2 分割滾圓,鬆弛 30 分鐘後,拍成長條形。

 3-1
 3-2
 3-3
 3-4

 3-5
 3-6
 3-7
 3-8

3 鋪上蔓越莓芒果,兩邊合起成長條形,再鋪上蔓越莓芒果,上下合起成正方形。

 4-1
 4-2

4 發酵 40 分鐘灑粉烤焙即可完成。

 4-3
 4-4

軟歐包系列 冠軍水果

蜂巢 QQ

材料

A	克朗思克麵粉	300g	燕麥纖維	10g
	高粉	700g	砂糖	100g
	乾酵母	7g	燙麵	100g
	水	650g	諾曼地種	100g
	岩鹽	11g		

B	蜂蜜	100g
C	奶油	20g
D	蜂蜜丁	250g
	蜂蜜 Q 心	50g

 表面裝飾

灑粉	割井字

 製成

基本發酵	40 分鐘翻 20 分鐘	整形	圓形
中間發酵	20 分鐘	烤溫	200/170℃
最後發酵	50 分鐘	烤焙時間	15 分鐘
麵糰分割	200g		

 作法

準備材料

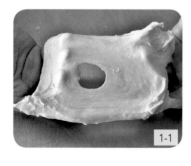

1-1

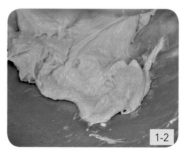

1-2

1-3

1-4

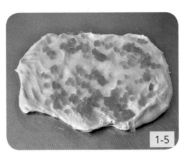

1-5

1-6

1 將材料 A 及蜂蜜加入攪拌缸內打至薄膜，加入奶油拌勻後加入蜂蜜丁攪拌，室外發酵一個小時。

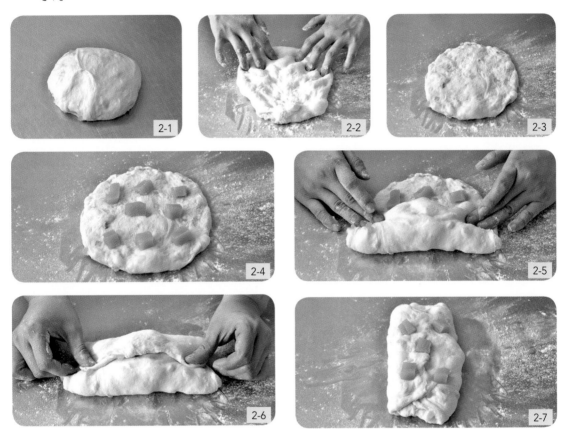

2-1

2-2

2-3

2-4

2-5

2-6

2-7

2 分割滾圓，鬆弛 30 分鐘後，拍成長條形，鋪上蜂蜜 Q 心，兩邊合起成長條形，再鋪上蜂蜜 Q 心。

3-1

3-2

3-3

軟歐包系列　蜂巢QＱ

3 上下合起成正方形，鬆弛 20 分鐘，將空氣拍出，包圓。

4 發酵 40 分鐘灑粉割線烤焙即可。

完整操作影片

材料

A	T55 麵粉	200g
	高粉	800g
	糖	80g
	鹽	12g
	乾酵母	10g
	燕麥纖維	10g
	抹茶粉	15g
	燙麵	150g
	諾曼地種	300g
B	水	660g
C	奶油	80g
D	奶油乳酪	40g
	紅豆粒	10g

表面裝飾

灑粉

墨西哥醬　　　15g

三茶園

製成

基本發酵	40 分鐘翻 20 分鐘		整形	甜甜圈形
中間發酵	15 分鐘		烤溫	200/180℃
最後發酵	40 分鐘		烤焙時間	12 分鐘
麵糰分割	120g			

作法

準備材料

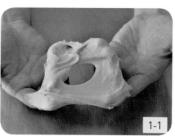

1-1

1-2

1 將材料 A、B 加入攪拌缸打至薄膜，加入材料 C 拌勻，室外發酵一個小時。

2-1

2-2

2-3

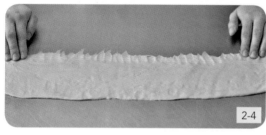

2-4

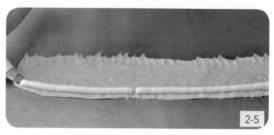

2-5

2 分割滾圓，鬆弛 30 分鐘後，擀成長條形，擠上奶油乳酪。

3-1

3-2

3-3

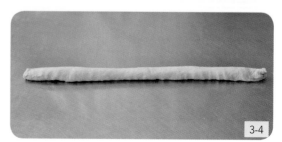

3-4

3-5

3-6

3-7

3-8

3-9

3 放上紅豆粒，捲起，成甜甜圈形狀。

4-1

4-2

4 發酵 40 分鐘灑粉，用奶油乳酪擠上花形烤焙即可。

4-3

軟歐包系列　三茶園

金鑽芒果

材料

	A		
	T55 麵粉	200g	
	高粉	800g	
	糖	180g	
	鹽	12g	
	乾酵母	10g	
	燕麥纖維	10g	
	可可粉	25g	
	黑碳粉	25g	
	燙麵	150g	
	諾曼地種	300g	

	B		
	動物性鮮奶油	100g	
	蛋	100g	
	水	500g	
	C 奶油	80g	
	D 巧克力豆	200g	
	E 奶油乳酪	25g	
	芒果乾	10g	

 表面裝飾

灑粉   割兩刀

 製成

基本發酵	40 分鐘翻 20 分鐘	整形	橄欖形
中間發酵	15 分鐘	烤溫	200/170°C
最後發酵	50 分鐘	烤焙時間	10 分鐘
麵糰分割	120g		

作法

ABC 材料

1-1

1-2

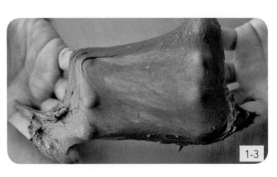

1-3

1 將材料 A、B 加入攪拌缸內打至薄膜，加入材料 C 拌勻，室外發酵一個小時。

軟歐包系列 金鑽芒果

2 分割滾圓,鬆弛30分鐘後,擀成長條形,擠上奶油乳酪,兩邊合起。

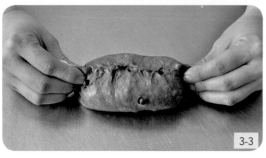

3 再擠上奶油乳酪鋪上芒果丁，上下捏起成橄欖形。

4 發酵 40 分鐘灑粉，用奶油乳酪擠上花形烤焙即可完成。

完整操作影片

軟歐包系列 金鑽芒果

材料

A	T55 麵粉	200g
	高粉	800g
	糖	180g
	鹽	12g
	乾酵母	10g
	燕麥纖維	10g
	御麵	150g
	諾曼地菌種	300g
B	牛奶	350g
	水	320g
C	奶油	80g
D	蔓越莓	200g
E	奶油乳酪	15*5

表面裝飾

灑粉

覆盆子乳酪

製成

基本發酵	40 分鐘翻 20 分鐘		整形	五角形
中間發酵	15 分鐘		烤溫	200/180℃
最後發酵	40 分鐘		烤焙時間	12 分鐘
麵糰分割	50g*5 個			

作法 _____

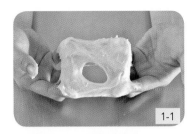
1-1

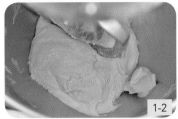
1-2

1-3

1-4

1 將材料 A、B 加入攪拌缸內打至薄膜,加入材料 C 拌勻,再加材料 D 攪勻。

2

2 室外發酵一個小時,分割滾圓,鬆弛 30 分鐘。

3-1

3-2

3-3

3 空氣拍出,包奶油乳酪包圓,五合一成五角形。

4-1

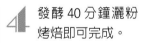
4-2

4 發酵 40 分鐘灑粉烤焙即可完成。

4-3

4-4

軟歐包系列 覆盆子乳酪

我是
火龍果

材料

A
克朗思克麵粉	100g
高粉	800g
低粉	100g
糖	20g
鹽	12g
乾酵母	12g
燙麵	100g
諾曼地種	100g

B
火龍果	400g
動物性鮮奶油	100g
水	250g

C
奶油	40g

D
草莓果醬	20g
紅人乳酪	20g
蔓越莓碎	5g

表面裝飾

灑粉　　　　　　　　　　　奶油乳酪

製成

基本發酵	40 分鐘翻 20 分鐘		整形	S 形
中間發酵	15 分鐘		烤溫	210/180℃
最後發酵	40 分鐘		烤焙時間	8 分鐘
麵糰分割	180g			

作法

準備材料

1-1

1-2

1-3

1-4

1-5

軟歐包系列　我是火龍果

121

1 將材料 A、B 加入攪拌缸內打至成糰出筋，加入 C 拉至薄膜。

2 分割滾圓，鬆弛 30 分鐘後，擀成長條形。

3 再擠上奶油乳酪鋪上芒果丁，上下捏起成橄欖形。

4 發酵 40 分鐘灑粉擠奶油乳酪烤焙即可完成。

材料

A 克朗思克麵粉　100g
高粉　800g
低粉　100g
糖　20g
鹽　12g
乾酵母　12g
燙麵　100g
諾曼地種　100g

B 火龍果　400g
動物性鮮奶油　100g
水　250g

C 奶油　40g

D 南瓜泥　5g*8 個
洛神花醬　1g

表面裝飾

灑粉

奶油乳酪

玫瑰花園

製成

基本發酵	40 分鐘翻 20 分鐘		整形	玫瑰花
中間發酵	15 分鐘		烤溫	210/180℃
最後發酵	40 分鐘		烤焙時間	9 分鐘
麵糰分割	10g*8 個			

作法

1　將材料 A、B 加入攪拌缸內打至成糰出筋，加入 C 拉至薄膜。

2　分割滾圓，鬆弛 30 分鐘後，擀成八個薄圓形。

3　鋪上南瓜泥，一個接一個疊至三分之一處，最後一個擠上 5~8g 南瓜泥。

4-1

4-2

4-3

4-4

4-5

4 捲起成玫瑰花形。

5-1

5-2

5 發酵 40 分鐘灑粉烤焙即可完成。

5-3

完整操作影片

Part 3

蛋糕點心製作

達克瓦茲

材料

			棉花糖內餡		
杏仁粉	210g			橘子水	35g
糖粉	150g			砂糖	98g
蛋白	230g			吉利丁片	5 片
塔塔粉	2.5g			蛋白	25g
砂糖	118g			塔塔粉	1.5g
碎核桃	50g			蔓越莓乾	45g
糖粉	適量			乾燥草莓丁	3.5g

 作法

準備材料　　　　　　　　　　　　　　內餡材料

1　核桃切碎備用、蛋白和塔塔粉打至起泡，加入砂糖。

2　打至硬性發泡。

3

將杏仁粉、糖粉拌入蛋白中。

碎核桃倒入。

將材料攪拌均勻。

蛋糕點心系列　達克瓦茲

129

4. 擠入模型中，取下模板，灑上糖粉。

5. 進旋風烤箱 160 度，烤約 25 分鐘。

6. 放涼後，脫離烘焙紙。

 棉花糖內餡

1. 泡軟的吉利丁片，切碎的蔓越莓乾，草莓丁備用。

 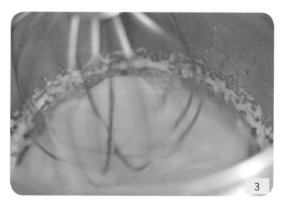

2. 橘子水，糖煮至 113 度。

3. 蛋白打至發泡，加入圖 2。

4-1

4-2

4 將泡軟隔水溶化的吉利丁片加入打發蛋白中。

5

5 完全打發後倒入蔓越莓、草莓丁。

6

7

6 將切碎的蔓越莓乾、草莓丁拌勻。

7 裝入三角擠花袋中。

8-1

8-2

8 取兩片達克瓦茲，中間裹入棉花糖內餡。

蛋糕點心系列　達克瓦茲

牛奶	660g
奶油	34g
香草莢	1/2 支
全蛋	50g
蛋黃	125g
砂糖	200g
低筋麵粉	150g
蘭姆酒	80g
蜂蠟	適量

可麗露

作法

準備材料

1

1 剖開香草莢,刮出香草籽。

2

2 牛奶、奶油拌勻,剖開香草莢和香草籽,加熱至 80 度。

3

蛋黃、全蛋、糖攪拌均勻。

4

上述步驟攪拌均勻。

5-1

5-2

6

5 加入過篩的低筋麵粉及蘭姆酒攪拌。

6 過篩,放進冰箱冷藏靜置24小時。

7

8-1

8-2

7 在銅模內部塗上融好的蜂蠟(銅模需先加熱)。

8 蜂蠟旋轉倒出。

9

10-1

10-2

9 填裝可麗露麵糊至8分滿。

10 以上火225度/下火230度,烤約80分鐘,出爐脫模。

蛋糕點心系列 可麗露

133

荷蘭手工千層

材料

奶油	1570g
蜂蜜	50g
糖粉	320g
煉奶	200g
蛋黃	2800g
砂糖	400g
低筋麵粉	100g
米穀粉	150g
泡打粉	20g

表面裝飾

鏡面果膠	適量
橘子果醬	適量
夾心餡	

作法

準備材料

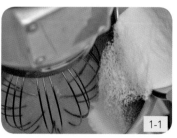

1-1

1-2

1 蛋黃、糖打發至乳白色，開中速繼續打至濃稠狀。

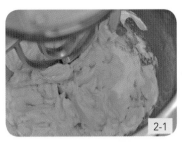

2-1

2-2

3

② 奶油、蜂蜜、糖粉、煉奶打發至乳白色。

③ 步驟 2 加入過篩的低筋麵粉、米穀粉、泡打粉。

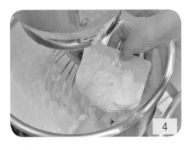

4

5-1

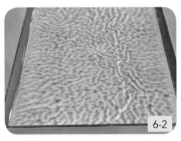

5-2

④ 步驟 3 分次加入步驟 1 攪拌均勻。

⑤ 烤盤底部鋪一張烘焙紙，抹平第一層麵糊。

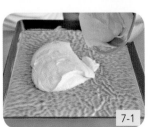

6-1

6-2

⑥ 以上火 220 度 / 下火 130 度，進入烤箱烤約至 7 分鐘至表面金黃色取出。

7-1

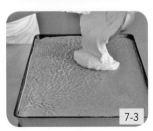

7-2

8

⑧ 出爐，輕敲。

7-3

7-4

9

⑦ 第 2-5 層，每層麵糊烤約至 4-5 分鐘，重複此動作將所有麵糊烤完。

⑨ 將蛋糕切半使用橘子果醬夾餡堆疊為 10 層，裁切成 7.5cm*19cm。

80%
重巧克力

材料

蛋糕體 2 盤 9 條		甘納許內餡	
全蛋	2000g	80% 苦甜巧克力	350g
砂糖	900g	動物性鮮奶油	350g
奶油	600g	奶油	10g
可可粉	400g		
米穀粉	100g		

表面裝飾

糖粉	10g	草莓	1 顆
馬卡龍	1 顆	巧克力裝飾片	2 個

作法

準備材料　　　　　　　　甘納許

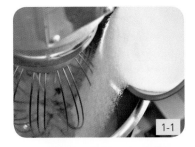

1　快速將全蛋、糖打發至乳白色，再用中速打至濃稠不滴狀。

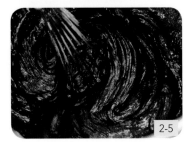

2　加熱沙拉油，倒入過篩的可可粉、米穀粉攪拌均勻。

3 取 1/3 麵糊先和步驟 2 充分拌勻。

4 再取 1/3 麵糊第 2 次攪拌。

5 倒回攪拌缸中攪拌均勻。

6 將取出的 1/3 全蛋倒入步驟 4，攪拌均勻，再倒入烤模中。

 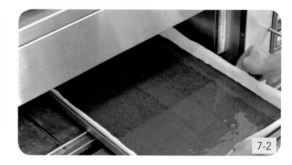

7 抹平，上火 180 度 / 下火 135 度，烤約至 30 分鐘。出爐輕敲。

 甘納許

1 動物性鮮奶油加熱倒入巧克力。

2 攪拌均勻。

表面淋上甘納許。

充分抹平。

淋上蛋糕表皮烤焙的蛋糕屑。

 裁切成 7.5cm*19cm。

鋪平後裁切。

4 裝飾。

蛋糕點心系列　80％ 重巧克力

玫瑰
荔枝捲

材料

蛋糕體1盤			荔枝慕斯		
	奶油	87g		動物性鮮奶油	167g
	低筋麵粉	65g		荔枝果泥	167g
	玫瑰粉	44g		全蛋	47g
	蛋黃	175g		砂糖	63g
	橘子水	87g		吉利丁片	18g
	蛋白	400g		新鮮荔枝肉	200g
	砂糖	140g		荔枝酒	17g
	塔塔粉	6g		植物性鮮奶油	467g

白奶油霜		
	無水奶油	111g
	奶油	83g
	軟質白巧克力	111g

 作法

準備材料

荔枝慕斯材料

1　奶油加熱加入過篩的低筋麵粉、玫瑰粉。

2　倒入加熱的橘子水。

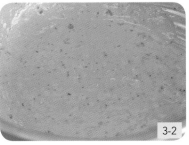

3　再加入蛋黃攪拌均勻。

蛋糕點心系列　玫瑰荔枝捲

4 蛋白和塔塔粉打至起泡，加入砂糖。

5 打至溼性發泡。

6 取 1/3 蛋白至麵糊中攪拌。

7 麵糊倒入剩餘的蛋白中拌勻。

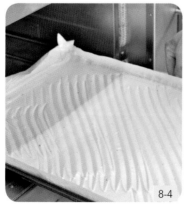

8 入模，表面抹平，以上火 180 度 / 下火 135 度，烤約至 25 分鐘。出爐，輕敲。

荔枝慕斯

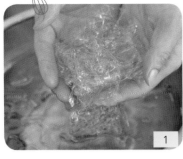

1

2-1

2-2

1　泡軟的吉利丁、荔枝肉、
　　荔枝酒備用。

2　動物性鮮奶油、荔枝果泥加熱煮沸。

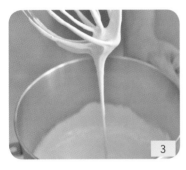
3

4

5

3　全蛋、糖打發至乳白色。　　4　步驟2加入步驟3。　　5　加入泡軟的吉利丁片。

6-1

6-2

6-3

6-4

6　降溫泡冰水，與打發植物性鮮奶油、荔枝肉、荔枝酒拌勻。

白奶油霜

準備材料

組合

1 白油、奶油、軟質白巧克力打發至堅挺狀。

1 表面朝下，內部塗抹白奶油霜。

2 放上荔枝慕斯，捲成蛋糕捲，切成 17.5cm。

蘭姆乳酪

材料

材料 A

乳酪	1500g
砂糖	450g
玉米粉	80g
全蛋	300g
檸檬汁	15g
動物性鮮奶油	500g
奇福餅乾屑	265g
奶油	65g
葡萄乾	400g
蘭姆酒	50g

酥菠蘿

奶油	80g
糖粉	20g
低筋麵粉	140g
蛋黃	20g

表面裝飾

糖粉	適量

作法

準備材料　　　　　　　　酥菠蘿

1 餅乾粉、奶油攪拌均勻。

2 模具噴上烤盤油，再將攪拌均勻的餅乾底倒入模具壓平後備用。

3 葡萄乾浸泡蘭姆酒。

酥菠蘿

1 奶油、糖粉、低筋麵粉、蛋黃攪拌均勻。

乳酪

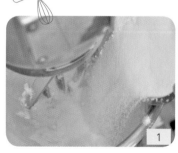

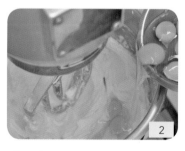

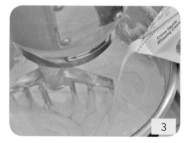

1 乳酪打軟，加砂糖、玉米粉攪拌至無顆粒。

2 全蛋分次加入攪拌均勻。

3 動物性鮮奶油分次倒入攪拌均勻。

146

4 檸檬汁倒入攪拌。

5 泡酒的葡萄乾倒入攪拌。

6 將麵糊倒入模具中，多次輕輕震出氣泡，表面灑葡萄乾跟酥菠蘿。

7 使用水浴蒸烤法，上火 180 度 / 下火 130 度，烤約 15 分鐘，再上火 150 度 / 下火 130 度，烤約 50 分鐘。

8 出爐，移至乾烤盤，後冷凍冰硬定型。

9 脫模扣至容器中，再翻回即完成。

蛋糕點心系列　蘭姆乳酪

貴妃乳酪

材料

乳酪蛋糕體 1 盤		蛋糕體 1 盤	
乳酪	260g	蛋黃	525g
牛奶	233g	全蛋	100g
奶油	167g	砂糖	75g
玉米粉	67g	玉米粉	38g
低筋麵粉	66.5g	**法式奶油霜**	
米穀粉	66.5g	全蛋	63g
蛋黃	467g	奶油	188g
蛋白	467g	白油	19g
塔塔粉	1g	糖	125g
砂糖	333g	水	31g
		蘭姆酒	3g

 作法

1　蛋黃、蛋、砂糖、玉米粉打至乳白色，呈現小彎勾。

2　入模，表面抹平，以上火 190 度 / 下火 160 度，烤約至 15 分鐘。出爐，輕敲。

蛋糕點心系列　貴妃乳酪

乳酪蛋糕

乳酪蛋糕體材料

1

2

1 乳酪、牛奶、奶油加熱攪拌至無顆粒。

2 加入過篩的低筋麵粉、米穀粉跟玉米粉拌勻。

3

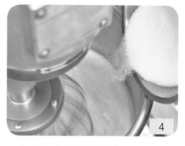
4

5

3 加入蛋黃拌勻。

4 蛋白和塔塔粉打至起泡，加入砂糖，打至溼性起泡。

5 取 1/3 蛋白至乳酪糊中攪拌。

6

7-1

7-2

6 麵糊倒入剩餘的蛋白中拌勻。

7-3

7-4

8

7 入模，表面抹平，以上火 180 度 / 下火 135 度，使用水域蒸烤法，烤約至 30 分鐘。

8 出爐，輕敲。

150

法式奶油霜

 法式奶油霜材料

1

2

3

1 全蛋打發至乳白色，呈現小彎勾。

2 糖 跟 水 煮 到 110 度。

3 步驟 2 倒入步驟 1，打至冷卻。

4

5

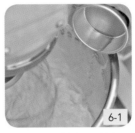
6-1

6-2

4 奶油、白油打發至彎勾狀。

5 步驟 3 加入步驟 4。

6 加入蘭姆酒拌勻。

 組合

1-1

1-2

1 乳酪蛋糕對夾，切 7 公分長條。

2-1

2-2

2-3

貴妃皮抹上全蛋奶油霜。　　放上乳酪蛋糕。

2-4

2-5

2-6

2 捲成蛋糕捲，切成 4cm。

蛋糕點心系列　貴妃乳酪

黑鑽
提拉捲

材料

奶油	87g	**提拉慕斯**	
低筋麵粉	43.5g	水	100g
米穀粉	43.5g	提拉米蘇預拌粉	63g
蛋黃	175g	動物性鮮奶油	250g
水	87g		
可可粉	35g	**白奶油霜**	
黑碳粉	15g	無水奶油	111g
小蘇打粉	2.5g	奶油	83g
蛋白	400g	軟質白巧克力	111g
塔塔粉	6g		
砂糖	140g		

表面裝飾

Oreo	適量	巧克力水滴	適量

作法

準備材料

1-1

1-2

1-3

1 奶油加熱加入過篩的低筋麵粉，加入蛋黃攪拌均勻。

2-1

2-2

2 水加熱，加入可可粉，小蘇打粉攪拌均勻。

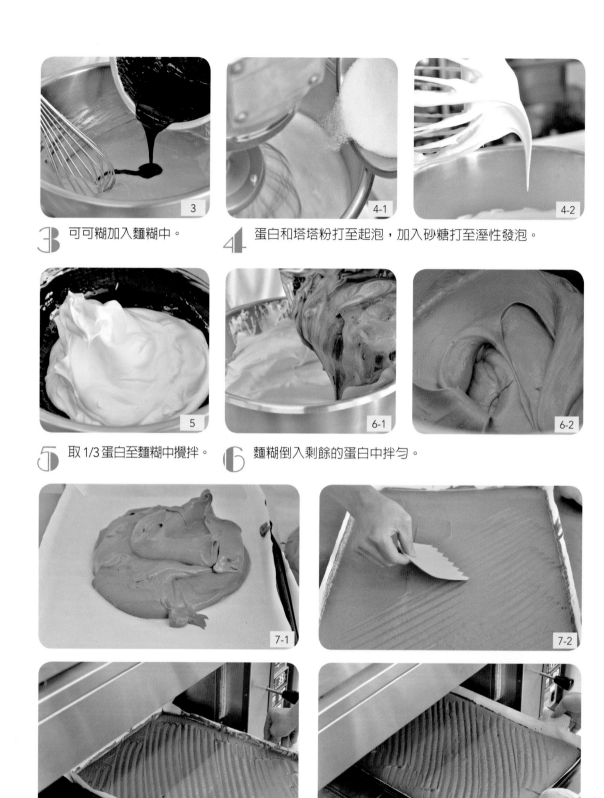

3　可可糊加入麵糊中。　　　4　蛋白和塔塔粉打至起泡，加入砂糖打至溼性發泡。

5　取 1/3 蛋白至麵糊中攪拌。　　6　麵糊倒入剩餘的蛋白中拌勻。

7　入模，表面抹平，以上火 180 度 / 下火 135 度，烤約至 25 分鐘。出爐，輕敲。

提拉慕斯

提拉慕斯材料

1-1

1-2

1 水加熱倒入提拉米蘇預拌粉攪拌均勻。

2-1

2-2

2 降溫泡冰水，加入打發的動物鮮奶油攪拌均勻。

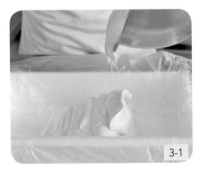
3-1

3-2

3 入模。

白奶油霜

準備材料

1

1 白油、奶油、軟質白巧克力打發至堅挺狀。

蛋糕點心系列　黑鑽提拉捲

蛋糕捲組合

1

2-1

2-2

1 表面朝下,內部塗抹白奶
油霜。

2 灑上 oreo 和巧克力水滴再放上提拉慕斯。

3-1

3-2

3 捲成蛋糕捲,切成 17.5cm。

抹茶
歐培拉

材料

		抹茶慕斯	
杏仁粉	390g	牛奶	975g
糖粉	390g	抹茶粉	70g
全蛋	799g	蛋黃	225g
蛋白	649g	30℃糖水	225g
糖	159g	24% 調溫白巧	100g
塔塔粉	12g	吉利丁片	21 片
低筋麵粉	109.5g	植物性鮮奶油	300g
米穀粉	109.5g	動物性鮮奶油	1100g
抹茶粉	19g	白蘭地	20g
糖酒液		黑糖麻糬	10 條
30℃糖水	300g	紅豆粒	200g
蘭姆酒	300g		

 作法

1 30℃糖水為 1:1，糖、水 煮沸放涼。

2 30℃糖水和 蘭姆酒混和 均勻。

歐培拉蛋糕

歐培拉蛋糕材料

1 杏仁粉、糖 粉、全蛋打 發至乳白 色。

2 蛋白和塔塔粉打至起泡， 加入砂糖。

3 打至乾性發泡。

4 步驟 3 混和步驟 1。

5 倒入低筋麵粉、米穀粉、抹茶粉攪拌。

6 入模，表面抹平，以上火 180 度 / 下火 135 度，烤約至 12 分鐘。

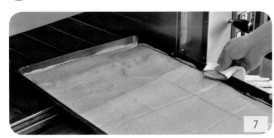

7 出爐，輕敲。

抹茶慕斯

抹茶慕斯材料

1 吉利丁片泡軟，紅豆粒、黑糖麻糬切小片備用。

2 牛奶煮沸，倒入抹茶粉攪勻。

3 蛋黃、30℃糖水打發至乳白色。

蛋糕點心系列　抹茶歐培拉

4　步驟 2 沖入步驟 3。

5　放入吉利丁片，調溫白巧克力。

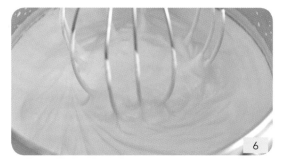

6　打發動物性鮮奶油。

7　混合降溫到 30℃。

8-1

8-2

8-3

8　混和植物性鮮奶油、動物性鮮奶油，再加入白蘭地。

 組合

1　裁切歐培拉蛋糕。

2　每一層歐培拉，刷糖酒液 100g。

3-1

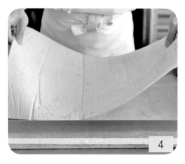
3-2 ... 4

3 再倒入 400g 慕斯，抹平。

4 重覆步驟 2 步驟 3 的步驟。

5-1

5-2

5-3

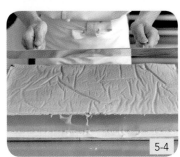
5-4

5-5

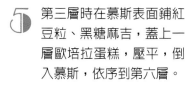

5 第三層時在慕斯表面鋪紅豆粒、黑糖麻吉，蓋上一層歐培拉蛋糕，壓平，倒入慕斯，依序到第六層。

6-1

6-2

6-3

6 將裁切的歐培拉蛋糕磨成碎屑，鋪上，冷凍即完成。

蛋糕點心系列　抹茶歐培拉

古典
巧克力

材料

蛋糕體 6 吋 3 個

動物性鮮奶油	127g	玉米粉	40g
牛奶	280g	蛋黃	150g
奶油	60g	蘭姆酒	7g
砂糖	100g	蛋白	250g
調溫 70% 巧克力	127g	塔塔粉	3g
可可粉	43g	砂糖	130g
低筋麵粉	20g	奶油乳酪	167g
米穀粉	20g		

 表面裝飾

糖粉	適量	夏威夷豆	6 顆
杏仁巧克力棒	半根		

 作法

準備材料

1 動物鮮奶油、牛奶、奶油、砂糖加熱至溶化。

2 倒入調溫巧克力攪拌均勻。

3 加入過篩的低筋麵粉、米穀粉、可可粉、玉米粉攪拌。

4 加入蛋黃攪拌均勻。

5 倒入蘭姆酒拌勻,過篩。

6 蛋白和塔塔粉打至起泡,加入砂糖,打至溼性發泡。

7 取 1/3 蛋白至麵糊中攪拌。

8 麵糊倒入剩餘的蛋白中拌勻。

9-1

9-2

9 入模具，以上火180度/下火130度，烤約20分鐘。

10

10 表面擠上乳酪，再以上火150度/下火130度，使用水浴蒸烤法，烤約45分鐘。

11

11 出爐，移至乾烤盤。

12-1

12-2

12 脫模扣至容器中。

蛋糕點心系列　古典巧克力

養樂多
慕斯

Please enjoy those new
Delicious taste

166

材料

養樂多	4 罐		**白戚風**	
糖	13g		奶油	87g
卡士達粉	13g		低筋麵粉	43.5g
蜂蜜	30g		米穀粉	43.5g
蛋黃	63g		泡打粉	4g
吉利丁片	15g		蛋黃	175g
植物性鮮奶油	250g		橘子水	87g
			蛋白	400g
			塔塔粉	6g
			砂糖	140g

 作法

白戚風材料

慕斯材料

 白戚風

1 奶油加熱加入過篩的低筋麵粉、米穀粉、泡打粉攪拌。

2 加入蛋黃攪拌均勻。

3 橘子水加熱，加入圖2攪拌均勻。

4 蛋白和塔塔粉打至起泡，加入砂糖。

蛋糕點心系列　養樂多慕斯

5 打至溼性發泡。

6 取 1/3 蛋白至麵糊中攪拌。

7 麵糊倒入剩餘的蛋白中拌勻。

8 入模，表面抹平，以上火 180 度 / 下火 135 度，烤約至 25 分鐘。

9 出爐，輕敲。

慕斯

1　將吉利丁片泡軟。

2-1　　2-2　　2-3

2　蛋黃、砂糖、蜂蜜、卡士達粉打發呈現彎勾狀。

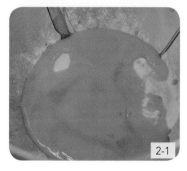

3

4

3　養樂多煮至 80 度。

4　養樂多加入步驟 2。

5-1

5-2

5　加入泡軟的吉利丁片，
降溫泡冰水。

蛋糕點心系列　養樂多慕斯

6-1   6-2   6-3   6-4   6-5   6-6

6 混和打發植物鮮奶油。

🎛️ 歐培拉蛋糕

1

1 倒約 1/3 滿慕斯在杯子裡。

2-1

2-2

2-3

2 放入小片蛋糕，慕斯倒滿杯子。

3-1

3-2

3 裝飾。

香草泡芙
巧克力泡芙

材料

奶油	360g	**生乳餡**	
牛奶	400g	牛奶	300g
水	400g	動物性鮮奶油	150g
全蛋	850g	奶油乳酪	200g
低筋麵粉	220g	玉米粉	15g
米穀粉	220g	低粉	15g
砂糖	32g	卡士達粉	10g
鹽巴	5g	糖	100g
		全蛋	50g
原味菠蘿皮		奶酒	40g
奶油	250g		
砂糖	180g		
低筋麵粉	200g		

表面裝飾

糖粉	適量

作法

生乳餡材料

香草泡芙材料

巧克力菠蘿皮材料

波蘿皮

1-1

1-2

1-3

1 奶油、糖、過篩的低筋麵粉攪拌拌勻。

蛋糕點心系列　香草泡芙　巧克力泡芙

生乳餡

1 牛奶、動物性鮮奶油、乳酪加熱融化無顆粒至濃稠狀。

2 玉米粉、低筋麵粉、卡士達粉、砂糖、全蛋攪拌。

3 步驟 2 倒入步驟 1。

4 倒入奶酒拌勻。

泡芙

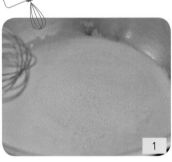  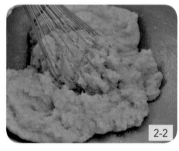

1 奶油、牛奶、水煮至沸騰。

2 加入過篩低筋麵粉、米穀粉、砂糖、鹽快速攪拌至完全糊化，離火。

 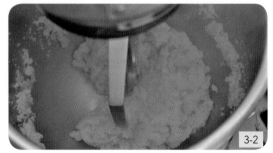

3 倒入攪拌缸，分次加蛋攪拌。

4 最後再用手。

5 平口花嘴擠出 40g 在烤盤上。

6 擠上波蘿皮。

7 入爐以上火 185 度 / 下火 170 度，烤 20 分鐘，再以上火 150 度 / 下火 150 度，烤約 8 分鐘。

8 出爐。

組合

1 生乳餡與打發鮮奶油拌勻。

2 擠 40g 至泡芙裡，表面灑上防潮糖粉。

可可波蘿皮

可可波蘿皮材料

奶油	250g
砂糖	190g
低筋麵粉	170g
可可粉	20g

奶油、糖、過篩的低筋麵粉跟可可粉攪拌拌勻。

蛋糕點心系列　香草泡芙　巧克力泡芙

檸檬
金三角

材料

全蛋	267g	**法式奶油霜**	
蛋黃	500g	全蛋	63g
砂糖	300g	奶油	188g
玉米粉	125g	軟質白巧克力	19g
低筋麵粉	50g	糖	125g
米穀粉	50g	水	31g
檸檬汁	10g	蘭姆酒	3g
奶油	360g	**檸檬奶油霜**	
白奶油霜		檸檬汁	67g
無水奶油	28g	白奶油	35g
奶油	21g	全蛋奶油霜	300g
軟質白巧克力	28g	檸檬皮	

 表面裝飾

糖粉	適量	起酥碎片	適量

 作法

準備材料

 法式奶油霜

1 全蛋打發至乳白色，呈現小彎勾。

2 糖跟水煮到 110 度。

3 步驟 2 倒入步驟 1，打至冷卻。

4 奶油、白油打發至彎勾狀。

蛋糕點心系列　檸檬金三角

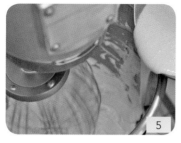

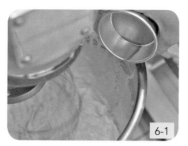

5 步驟 3 加入步驟 4。

6 加入蘭姆酒拌勻。

 白奶油霜

白奶油霜材料

白油、奶油、軟質白巧克力打發至堅挺狀。

檸檬奶油霜

檸檬奶油霜材料

1 檸檬汁加熱煮沸,加入白奶油攪勻,降溫泡冰水。

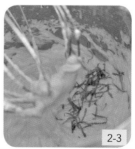

 倒入全蛋奶油霜,加入檸檬皮。

178

檸檬蛋糕

檸檬蛋糕材料

1 全蛋、蛋黃、糖打發至彎勾狀。

2 過篩的低筋麵粉、米穀粉、玉米粉倒入
步驟 1。

3 奶油加熱，倒入步驟 2，倒入檸檬汁。

4 入模，表面抹平，以上火 180 度 / 下火 135 度，烤
約至 10 分鐘，再以上火 160 度 / 下火 135 度，烤約
至 20 分鐘。

5 出爐，輕敲。

蛋糕點心系列　檸檬金三角

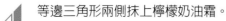組合

1 檸檬蛋糕體切開三片。

2 每層抹檸檬奶油霜疊起,冰硬備用。

3 蛋糕緊靠桌緣,用刀從對角切成 2 片三角形。

4 等邊三角形兩側抹上檸檬奶油霜。

5 組合為屋頂狀。

180

6-1

6-2

6-3

 起酥片

6 表片抹上檸檬奶油，沾上起酥碎，灑上糖粉。

1-1

1-2

1 烤 145 度，烤約 70 分鐘。

2

2 將烤好放冷的起酥片壓碎。

蜂蜜岩燒

材料

砂糖	45g	玉米粉	23g
奶水	57g	泡打粉	13g
沙拉油	169g	蛋黃	180g
蜂蜜	90g	蛋白	375g
全蛋	2 個	塔塔粉	6g
低筋麵粉	112.5g	砂糖	225g
米穀粉	112.5g	乳酪丁	180g

岩燒醬

糖	40g	起司片	5 片
動物性鮮奶油	80g	奶油	80g

 作法

準備材料

岩燒醬材料

1 砂糖、奶水、沙拉油、蜂蜜，全蛋攪拌均勻。

2 倒入過篩的低筋麵粉、米穀粉、玉米粉、泡打粉攪拌。

3 倒入蛋黃攪拌均勻。

4 蛋白和塔塔粉打至起泡，加入砂糖。

蛋糕點心系列　蜂蜜岩燒

5 打至溼性發泡。

6 取 1/3 蛋白至麵糊中攪拌。

7 麵糊倒入剩餘的蛋白中拌勻。

8 倒入模具。

9 放入乳酪丁，以上火 180 度 / 下火 135 度，烤 15 分鐘，烤至表面著色後調頭，再以上火 150 度 / 下火 135 度，烤 35 分鐘。

10 出爐，輕敲倒扣。

岩燒醬

1

1 砂糖，動物鮮奶油煮沸騰。

2

2 加入起司片攪拌。

3-1

3-2

3 離火加入奶油。

 組合

1

1 抹岩燒醬在蛋糕上。

2

2 入爐，以上火 250 度 / 下火 100 度烘烤
至金黃色，出爐。

蛋糕點心系列　蜂蜜岩燒

草莓
波士頓

材料

奶油	105g	蛋黃	158g
鹽	少許	牛奶	95g
低筋麵粉	52.5g	香草精	少許
米穀粉	52.5g	蛋白	308g
玉米粉	18g	糖	158g
白巧克力軟質	25g	塔塔粉	少許
全蛋	50g		

生乳餡

牛奶	300g	卡士達粉	10g
動物性鮮奶油	150g	糖	100g
奶油乳酪	200g	全蛋	50g
玉米粉	15g	奶酒	40g
低粉	15g		

表面裝飾

鮮奶油	300g	巧克力飾片	適量
草莓	20 顆	果膠	適量

作法

準備材料

裝飾蛋糕體材料

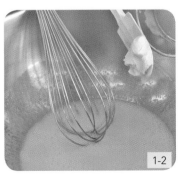

1 奶油、鹽、牛奶加熱至 50 度。

2 加入低筋麵粉、玉米粉、米穀粉攪拌。

3 加入全蛋，蛋黃攪拌均勻。

4 蛋白和塔塔粉打至起泡，加入砂糖。

5 打至溼性發泡。

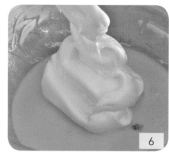

6 取 1/3 蛋白至麵糊中攪拌。

7 麵糊倒入剩餘的蛋白中拌勻。

8 入模具，以上火 180 度 / 下火 130 度，烤 15 分鐘，再以上火 150 度 / 下火 130 度，烤 40 分鐘。

生乳餡

1

2-1

2-2

1 牛奶、動物性鮮奶油、乳酪加熱融化無顆粒至濃稠狀。

2 玉米粉、低筋麵粉、卡士達粉、砂糖、全蛋攪拌。

3-1

3-2

4

3 步驟 2 倒入步驟 1。

4 倒入奶酒拌勻。

  組合

1 蛋糕體一開三。

2-1

2-2

2-3

2 抹上生乳餡,放上切片草莓。

3-1

3-2

3 抹上打發鮮奶油整成半圓形。

4 貼上切片草莓，抹上果膠，裝飾。

銓球食品機械
Chuan Chiu Food Machine Co.,Ltd.

|烘焙設備|餐飲設備|凍藏設備|食品機械|中古設備|設備出租|教室租借|

1.家用型歐式烤箱

全白鐵優雅外殼搭配鮮豔智慧型觸控面板，內裝更配有歐洲進口頂級石板、紅外線加熱以及獨立蒸氣水箱，帶您領略麵包最原始的美味。

規格	烤盤尺寸	機器尺寸	電壓	耗電量
	40*60cm	50*81cm	220v	4.5kw

2.半盤桌上型烤箱

規格比照專業型烤箱，時尚簡約的外型搭配容易上手的控制鈕，小巧玲瓏不佔空間，烤溫均勻保溫極佳，是您家用烤箱不二之選。

規格	烤盤尺寸	機器尺寸	電壓	耗電量
	35*45cm	69*52*43cm	220v	3kw

3.一層一盤烤箱附發酵箱

一台優秀的專業烤箱是您工作室或家庭接單的重要配備，烤溫均勻保溫極好，可搭配發酵箱、蒸氣石板等配備，讓您向烘焙大師更近一步

規格	烤盤尺寸	機器尺寸	電壓	耗電量
	40*60cm 46*72cm	71*112*111cm	220v	5.7kw

電話：03-3596789/傳真：03-3591515/地址：桃園市龜山區東萬壽路637號

幸福家食材DIY
HAPPY HOME

220坪大型烘焙賣場
唾手可得的 幸福食材
就像 家的廚房

f 幸福家食材DIY 🔍

低溫烘烤　手擀的溫度
讓您品嚐幸福滋味

幸福家食材DIY
營業時間：09:30~22:00
電　　話：02-2906-2000
地　　址：新北市新莊區中正路513號
（輔大捷運站3號出口右轉約5分鐘・中油旁）

國家圖書館出版品預行編目資料

許燕斌手作烘焙／許燕斌著. --初版--. --臺北
市：書泉，2017.12
　　面；　公分
ISBN 978-986-451-113-6（平裝）
1.點心食譜 2.麵包
427.16　　　　　　　　106020711

3YD5

許燕斌手作烘焙

作　　者 ─ 許燕斌

發 行 人 ─ 楊榮川

總 經 理 ─ 楊士清

主　　編 ─ 李貴年

責任編輯 ─ 周淑婷

攝　　影 ─ 周禎和

內頁排版 ─ 新生命資訊股份有限公司／曾慧文

封面設計 ─ 姚孝慈

出 版 者 ─ 書泉出版社

地　　址：106台北市大安區和平東路二段339號4樓

電　　話：(02)2705-5066　　傳　真：(02)2706-6100

網　　址：http://www.wunan.com.tw

電子郵件：shuchuan@shuchuan.com.tw

劃撥帳號：0 1 3 0 3 8 5 3

戶　　名：書泉出版社

經 銷 商：朝日文化

進退貨地址：新北市中和區橋安街15巷1號7樓

TEL：(02)2249-7714　　FAX：(02)2249-8715

法律顧問　林勝安律師事務所　林勝安律師

出版日期　2017年12月初版一刷

定　　價　新臺幣450元